AF462100

ARITHMÉTIQUE

ÉLÉMENTAIRE,

SPÉCIALEMENT DESTINÉE AUX JEUNES ÉLÈVES DES ÉCOLES PRIMAIRES,

ET A TOUTES LES PERSONNES QUI DÉSIRENT APPRENDRE LE NOUVEAU SYSTÈME DES POIDS & MESURES;

Par ALPHONSE MOSLE,

Instituteur à Faux-Villecerf (Aube).

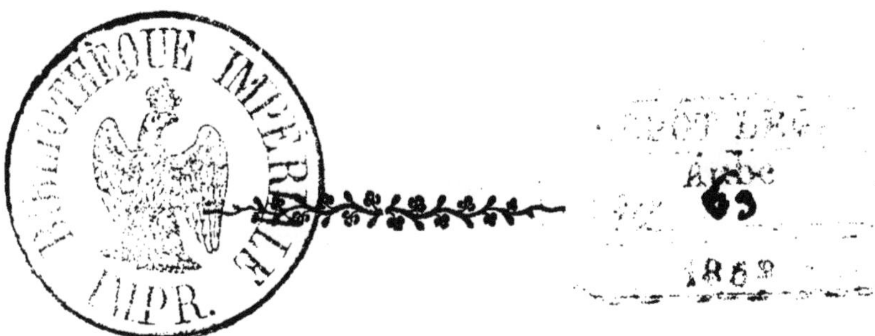

TROYES,

ANNER-ANDRÉ, IMPRIMEUR-LIBRAIRE,

Place de l'Hôtel-de-Ville, 10.

1858

PREMIÈRE PRÉFACE.

Depuis quelque temps, les ouvrages élémentaires se sont beaucoup multipliés, et, sur plusieurs branches de l'instruction, ont produit des résultats très-satisfaisants.

Néanmoins nous ne pensons pas que les mêmes résultats aient été encore obtenus en arithmétique. On trouve bien, il est vrai, des traités d'arithmétique très-élémentaires, mais ils sont en même temps très-incomplets.

Le nouveau système des poids et mesures métriques est aujourd'hui une des branches les plus essentielles de l'arithmétique ; cependant les auteurs les plus recommandables semblent glisser sur cette matière, et ne la traitent, pour ainsi dire, qu'en passant. D'autres auteurs, au contraire, donnent beaucoup de détails superflus, qui ne sont propres qu'à surcharger la mémoire des élèves, et emploient des expressions qui sont loin d'être élémentaires et ne conviennent point pour les jeunes élèves des écoles primaires.

Que résulte-t-il de tout cela ?

Que les instituteurs sont obligés de composer des cahiers pour leur propre utilité, de retrancher, d'ajouter, de modifier continuellement dans tous les traités qu'ils ont à leur disposition, s'ils veulent obtenir quelques succès.

C'est donc pour notre propre utilité, et pour celle de nos collègues, que nous avons entrepris de composer un traité d'arithmétique qui pût offrir l'avantage d'être très-élémentaire, et en même temps aussi complet que possible sur les matières que nous traitons. Nous pensons avoir réussi, et rendu conséquemment un service important à la société; les hommes instruits et impartiaux sauront nous rendre justice.

SECONDE PRÉFACE.

Si nous sommes parvenu à composer un ouvrage qui, bien certainement, sera d'une grande utilité pour les jeunes élèves des écoles primaires, nous devons attribuer ce résultat non-seulement au travail continuel auquel nous nous sommes livré, mais encore aux leçons qui nous ont été données, dans notre enfance, par M. Berthier, instituteur à Pouy, élève de l'Ecole normale de Versailles. Cet excellent maître a toujours su présenter les leçons d'une manière claire et élémentaire, et c'est à juste titre qu'on le considère comme l'un des instituteurs distingués de l'arrondissement de Nogent-sur-Seine.

MOSLE (Alph.)

ARITHMÉTIQUE ÉLÉMENTAIRE.

CHAPITRE Ier.

EMPLOI DES SIGNES. — NOTIONS PRÉLIMINAIRES. — NUMÉRATION.

§ Ier. Emploi des signes.

No 1er. Les principaux signes employés en arithmétique sont :

$+$ Plus. $4+5$ s'énonce : quatre plus cinq.

$-$ Moins. $9-4$ s'énonce : neuf moins quatre.

$\times$ Multiplié par. 5×6 s'énonce : cinq multiplié par six.

$:$ Divisé par. $12 : 4$ s'énonce : douze divisé par quatre. On emploie très-souvent aussi le signe —— comme signe de division; ainsi $\frac{30}{15}$ signifie : trente divisé par quinze; $\frac{48}{24}$ signifie : quarante-huit divisé par vingt-quatre.

$=$ Egale. $9 = 6 + 3$ s'énonce : neuf égale six plus trois.

$>$ Plus grand. $24 > 12$ signifie et s'énonce : vingt-quatre plus grand que douze.

$<$ Plus petit. $12 < 24$ s'énonce : douze plus petit que vingt-quatre.

Le signe $\geqslant$ signifie divisé par. $15 \geqslant 5$ s'énonce : quinze divisé par cinq. On se sert quelquefois d'un seul point comme signe de multiplication. Ainsi, 4 . 5 signifie et s'énonce : quatre multiplié par cinq ; mais ce signe est bien plus souvent employé en algèbre qu'en arithmétique.

§ 2. Notions préliminaires.

N° 2. L'*arithmétique* est la science des nombres.

3. Un *nombre* est la réunion de plusieurs unités ou de plusieurs parties de l'unité.

4. L'*unité* sert à comparer des quantités de même espèce. Quand je dis : 58 hommes, 24 femmes, 12 moutons, 6 brebis, etc., 58, 24, 12, 6, sont des nombres, et un homme, une femme, un mouton, une brebis sont des unités.

Si je dis : $\frac{3}{4}$, $\frac{5}{8}$ j'indique que l'unité a été divisée en quatre ou en huit parties, et qu'on a pris trois ou cinq de ces parties ; ces expressions $\frac{3}{4}$, $\frac{5}{8}$ sont des nombres qu'on appelle *fractions* (1).

5. Un nombre est abstrait ou concret.

Il est abstrait lorsque l'espèce des unités reste indéterminée. 30, 40, 50, 60, etc., sont des nombres abstraits.

Il est concret lorsque l'espèce d'unités est déterminée. 40 hommes, 50 femmes, 60 enfants, etc., sont des nombres concrets, puisque les hommes, les femmes, les enfants sont les espèces d'unités.

---

(1) Nous supprimons tous les principes qui ne nous paraissent pas absolument nécessaires pour arriver à la pratique des opérations.

6. Le calcul est l'art de composer et de décomposer les nombres. L'addition et la multiplication servent à composer les nombres; la soustraction et la division servent à les décomposer.

§ 3. Numération.

7. La numération apprend à former les nombres, à les lire et à les écrire.

Il y a deux sortes de numération : la numération parlée et la numération écrite.

Numération parlée.

8. On forme les nombres entiers en partant de l'unité. En l'ajoutant à elle-même, on forme le nombre deux.

$$\begin{array}{r} 1 \\ 1 \\ \hline 2 \end{array}$$

Deux plus un forme le nombre trois.

$$\begin{array}{r} 2 \\ 1 \\ \hline 3 \end{array}$$

Trois plus un forme le nombre quatre.

$$\begin{array}{r} 3 \\ 1 \\ \hline 4 \end{array}$$

Et ainsi de suite; neuf plus un forme le nombre dix.

$$\begin{array}{r} 9 \\ 1 \\ \hline 10 \end{array}$$

9. Le nombre 10 prend le nom de dizaine.

On compte par dizaines comme on a compté par unités.

1 dizaine....................	10
2 dizaines....................	20
3 dizaines....................	30
4 dizaines....................	40
5 dizaines....................	50
6 dizaines....................	60
7 dizaines....................	70
8 dizaines....................	80
9 dizaines....................	90
10 dizaines....................	100

10
10
10
10
10
10
10
10
10
10
———
100

10. Pour obtenir les nombres compris entre deux dizaines consécutives, on se sert des neuf premiers nombres.

Pour former, par exemple, les nombres, entre 10 et 20, on obtient dix-un, qu'on appelle onze; dix-deux, qu'on nomme douze; dix-trois, qu'on appelle treize; et ainsi de suite, 14, 15, 16, 17, 18, 19.

Si l'on voulait former les nombres entre d'autres dizaines, par exemple entre la 5e et la 6e, on ajouterait également les neuf premiers nombres; on obtiendrait : 51, 52, 53, 54, 55, 56, 57, 58, 59.

11. Ensuite on compte par centaines, comme par dizaines et par unités.

Une centaine..............	100
Deux centaines.............	200
Trois centaines.............	300
Quatre centaines...........	400
....	
Neuf centaines.............	900
Dix centaines..............	1000

100
100
100
100
100
100
100
100
100
100
―――
1000

12. Pour former les nombres compris entre deux centaines consécutives, on se sert des 99 premiers nombres.

Par exemple, entre 800 et 900, on aura 801, 802, 803, 809, 810, ... 820, ... 890, ... 899.

13. Pour former les nombres compris entre mille et deux mille.... sept mille et huit mille, etc., on se servira des 999 premiers nombres. On obtiendra 1001, 1002, 1003,.... 1099, 1100, ... 1200, ... 1900, 1901, ... 1999.

14. En suivant les mêmes principes, on formera les nombres plus élevés.

Par exemple, pour former les nombres compris entre deux dizaines de mille consécutives, on se servira des 9999 premiers nombres. Pour former ceux qui se trouvent compris entre deux centaines de mille consécutives, on se servira des 99999 premiers nombres. Et ainsi de suite.

Numération écrite.

15. On écrit tous les nombres au moyen de dix caractères ou chiffres, qui sont : 1, 2, 3, 4, 5, 6, 7, 8, 9, 0.

16. Les dizaines s'écrivent à gauche des unités, les centaines à gauche des dizaines, les unités de mille à gauche des centaines, etc.

17. Un chiffre quelconque a deux valeurs : la valeur absolue et la valeur relative. La valeur absolue est celle que le chiffre a par lui-même, et la valeur relative est celle que lui donne le rang qu'il occupe. Prenons pour exemple un nombre quelconque, 988. Dans ce nombre, la valeur absolue du premier chiffre à droite est 8, celle du second est encore 8, et celle du troisième est 9. La valeur relative du premier chiffre à droite est 8, celle du second est 8 dizaines, et celle du troisième est 9 centaines. Ainsi, en ce qui concerne les unités simples, la valeur absolue est la même que la valeur relative.

18. Il est très-important, il est indispensable d'exercer les élèves à lire et à écrire les nombres. Nous pensons qu'on doit les habituer à les lire avant de les habituer à les écrire.

19. Pour lire un nombre, on le partage en tranches de trois chiffres, en commençant par la droite. La dernière tranche à gauche pourra n'avoir qu'un ou deux chiffres. Ensuite on

énonce, en commençant par la gauche, chaque tranche comme si elle était seule. La première tranche est celle des unités, la seconde celle des mille, la troisième celle des millions, la quatrième celle des billions, etc. (1)

20. Les plus jeunes élèves seront exercés à lire les nombres de 1 à 30, puis de 30 à 60, de 60 à 100, de 100 à 200, de 800 à 900.

21. D'autres élèves devront être exercés à lire des nombres de trois chiffres, tels que ceux qui suivent :

649, 740, 890, 900, 700, 600, 500, 445, 328, 127, 115, 179, 287, 395, 428, 525, 632, 783, 429, 894, 797, 945, 988, etc.

22. Les élèves de la première division devront s'habituer à lire tous les nombres suivants :

7849, 6542, 6654, 6849, 4524, 6732, 9846, 1001, 1006, 1008, 1004, 1002, 1007, 1010, 1050, 1040, 1090, 1011, 1019, 1029, 1056, 1064, 1086, 1100, 1600, 1700, 2800, 8900, 9900, 9901, 9910, 9940, 9960, 10000, 20000, 50000, 80000, 10001, 10009, 10020, 20040, 20060, 50070, 60080, 10100, 10200, 40500, 50600, 60709, 60815, 66457, 42628, 75684, 100000, 800000, 300007, 400008, 500015, 600027, 700400, 800500, 700640, 800590, 909460 809590, 708467, 445445, 665665, 885885, 994994, 6456864, 7428527, 9984988. Il ne nous paraît guère utile de dépasser les

---

(1) En général, il ne faut pas exercer les élèves sur des nombres trop considérables ; ce serait leur faire perdre un temps précieux à des choses bien inutiles.

unités de millions ; on pourra cependant aller jusqu'aux dizaines et centaines de millions. Nous pensons qu'il faut diviser les nombres de la manière suivante :

4 mille	627 unités.	5 millions	647 mille	842 unités.

Nous ne citons que ces deux exemples, mais tous les nombres devront être d'abord divisés ou partagés de la même manière. On aura soin de faire dire : unités, dizaines, centaines, mille, dizaines de mille, etc.; ensuite on fera énoncer le nombre. Lorsque les élèves sont exercés, on leur fait lire les nombres tels que nous les avons posés d'abord, sans les diviser par tranches.

23. Pour écrire les nombres, on exercera d'abord les élèves des divisions inférieures depuis un jusqu'à cent.

24. A une autre division, on fera écrire des nombres de trois chiffres.

25. Les élèves de la première division devront écrire tous les nombres que nous avons écrits plus haut (**22**).

26. Pour écrire un nombre énoncé, on écrit d'abord les unités les plus élevées, à la droite les unités immédiatement inférieures, et ainsi de suite jusqu'aux unités simples. On remplace par des zéros les espèces d'unités qui manquent. Soit à écrire, par exemple, le nombre 800590. Je dis : en 800 mille, il y a huit centaines de mille que j'écris; après les centaines de mille viennent les dizaines de mille; il n'y en a pas, je les remplace par zéro; il n'y a pas d'unités de mille, je les

remplace par zéro. Après les unités de mille viennent les centaines : en 590, il y a 5 centaines que j'écris, puis **9** dizaines que j'écris aussi; il n'y a pas d'unités, je les remplace par zéro.

Quand le nombre est écrit, on le fait lire à l'élève qui l'a écrit.

On répètera le même raisonnement à chaque nombre que l'on écrira ou que l'on fera écrire.

CHAPITRE II.

ADDITION, SOUSTRACTION, MULTIPLICATION ET DIVISION DES NOMBRES ENTIERS.

§ 1er. Addition des nombres entiers.

27. L'addition est une opération par laquelle on réunit plusieurs nombres de même espèce en un seul qu'on appelle somme ou total.

28. Pour faire une addition, on écrit les nombres de manière que les unités soient sous les unités, les dizaines sous les dizaines, les centaines sous les centaines, les unités de mille sous les unités de mille, etc. On fait la somme des unités : si cette somme ne surpasse pas neuf, on l'écrit au-dessous; si elle surpasse neuf, on écrit les unités, et l'on reporte les dizaines à la colonne des dizaines. On additionne ensuite les dizaines : si la somme ne contient pas plus de neuf dizaines, on l'écrit au-dessous des dizaines; si elle en

contient plus de neuf, on écrit les dizaines, et l'on reporte les centaines à la colonne des centaines. On continue ainsi jusqu'à la dernière colonne, au-dessous de laquelle on écrit la somme telle qu'on l'a trouvée.

Exemple : Additionnez les nombres suivants :

4628, 3642, 5425, 7464

```
 4628
 3642
 5425
 7464
─────
21159 unités.
```

Pour faire cette addition, je dis : 8 et 2 font 10, et 5 font 15, et 4 font 19 unités. Dans 19 unités il y a 1 dizaine, plus 9 unités. J'écris 9 à la colonne des unités, et je reporte 1 dizaine à la colonne des dizaines. 1 dizaine et 2 font 3, et 4 font 7, et 2 font 9, et 6 font 15. Dans 15 dizaines, il y a 1 centaine, plus 5 dizaines; j'écris 5 à la colonne des dizaines, et je reporte 1 à la colonne des centaines. Je continue en disant : 1 centaine et 6 font 7, et 6 font 13, et 4 font 17, et 4 font 21. Dans 21 centaines il y a 2 unités de mille, plus 1 centaine; j'écris 1 centaine à la colonne des centaines, et je reporte les 2 unités de mille à la colonne des mille. 2 et 4 font 6, et 3 font 9, et 5 font 14, et 7 font 21 unités de mille. J'écris cette dernière somme telle que je l'ai trouvée, ayant soin de placer le chiffre 1 sous la colonne des unités de mille, et d'avancer le chiffre 2 d'un rang sur la gauche, les dizaines de mille devant être placées à gauche des unités de mille.

29. Nous pensons qu'il est indispensable d'exercer d'abord les jeunes élèves au calcul oral. On les habituera à se servir des doigts pour compter. Ensuite on leur posera des additions de plus en plus difficiles, ainsi qu'il suit :

1re,	2e,	3e,
2323	3454	45456
2339	4545	36535
3232	5434	65465
2323	4353	56546

4e,	5e,
5678	78998
4757	89887
8646	65698
7878	87989
5667	98999

30. Il y a plusieurs manières de faire la preuve de l'addition. Voici d'abord la plus facile et la plus usitée :

On additionne les nombres de haut en bas, et ensuite de bas en haut. Si l'on retrouve le même total, l'addition a été bien faite.

31. On peut aussi faire la preuve de l'addition de la manière suivante :

On sépare en deux les quantités données ; on les additionne séparément ; ensuite on réunit les deux sommes, et si elles sont égales au premier total, l'opération a été bien faite. Nous pensons qu'il est inutile de citer des exemples, ces sortes de preuves étant faciles à exécuter.

Problèmes sur l'addition.

32. Un bourgeois achète quatre propriétés : la première lui coûte 25645 fr., la deuxième 42650 fr., la troisième 12525 fr., la quatrième

10500 fr.; il lui reste 25000 fr. Quelle était sa fortune avant de faire ces acquisitions?

25645
42650
12525
10500
25000
———
116320

Réponse : 116320 francs.

33. Une propriété se compose d'un terrain qui vaut 4640 francs, d'une vigne évaluée 15800 francs, et d'un bois de la valeur de 50500 fr. Quelle est la valeur de la propriété?

4640
15800
50500
———
70940

Réponse : 70940 francs.

34. Une personne devait quatre billets : le premier de 5460 fr., le second de 2540 fr., le troisième de 15945 fr., et le quatrième de 465 fr. Combien devait-elle?

5460
2540
15945
465
———
24410

Réponse : 24410 francs.

35. Un objet a été vendu 5640 fr.; combien faudra-t-il le revendre pour gagner 645 fr.?

5640
645
———
6285

Réponse : 6285 francs.

36. Un négociant a vendu en quatre jours pour 9648 fr. de marchandises; il a perdu 650 fr.; combien ces marchandises lui avaient-elles coûté?

Puisqu'il a perdu 650 fr., les marchandises lui avaient coûté 650 + 9648 = 10298 fr.

```
  650
 9648
-----
10298
```

37. Un riche propriétaire a dépensé, pour meubler un château, d'abord 30640 fr., ensuite 6045 fr., enfin 5860 fr.; combien a-t-il dépensé en tout?

30640+6045+5860 = 42546 francs.

38. Une personne est née en 1857; en quelle année aura-t-elle 43 ans?

Il est évident qu'elle les aura 43 ans après 1857; ainsi il faut ajouter 43 à 1857.

```
1857
  43
----
1900
```

Réponse : en l'an 1900.

39. Un marchand a acheté 48 mètres de marchandise pour 2745 fr., puis 37 mètres pour 1998 fr., ensuite 45 mètres pour 5675 fr.; combien en a-t-il acheté en totalité et pour quelle somme?

```
 48     2745
 37     1998
 45     5675
---    -----
130    10418
```

Réponse : 130 mètres pour 10418 francs.

40. Un négociant a acheté 55 kilogrammes de marchandise pour 4529 fr., puis 49 kilogrammes pour 3995 fr., enfin 28 kilogrammes pour 1996 fr.; combien en a-t-il acheté en totalité et pour quelle somme?

```
 55     4529
 49     3995
 28     1996
---    -----
132    10520
```

Réponse : 132 kilogrammes pour 10520 francs.

§ 2. Soustraction des nombres entiers.

41. La soustraction est une opération par laquelle on retranche un nombre d'un autre nombre. Le résultat se nomme reste, excès ou différence. Le plus petit nombre s'écrira toujours au-dessous du plus grand.

42. Pour retrancher un nombre d'un autre nombre, on écrit, comme pour l'addition, les unités sous les unités, les dizaines sous les dizaines, les centaines sous les centaines, etc.; puis on retranche les unités des unités, écrivant le reste au-dessous; on retranche de même les dizaines des dizaines, etc. Toutes les fois que les chiffres du nombre inférieur sont plus faibles que ceux du nombre supérieur, la soustraction ne présente pas de difficulté.

Exemple :	De	9849
	Otez	2521
	Reste	7328

Pour faire cette soustraction, on dit : de 9 unités, ôtez 1 unité, reste 8 qu'on écrit au-dessous des unités. De 4 dizaines, ôtez 2 dizaines, reste 2 qu'on écrit au-dessous des dizaines, etc.

43. Lorsque dans une soustraction, le nombre inférieur contient des chiffres plus forts que ceux qui correspondent dans le nombre supérieur, il y a plusieurs manières d'effectuer la soustraction : ou l'on emprunte sur les chiffres du nombre supérieur qui sont placés à gauche du chiffre sur lequel on opère, ou l'on augmente de dix unités le chiffre

supérieur correspondant au chiffre inférieur qui se trouve plus fort.

C'est ce que nous allons faire comprendre par des exemples.

44. 1er EXEMPLE.

De	6454	unités
Otez	5986	unités.
Reste	468	unités.

Effectuons d'abord cette opération en empruntant. De 4 unités, ôtez 6 unités, cela ne se peut; j'emprunte sur le chiffre 5 une dizaine qui vaut 10 unités, que j'ajoute aux 4 autres unités, et je dis : de 14 unités, ôtez-en 6, il en reste 8. Comme j'ai emprunté une dizaine sur le 5, il n'en vaut plus que 4. Or de 4 dizaines, ôtez 8 dizaines, cela ne se peut; j'emprunte sur le chiffre 4 des centaines, une centaine qui vaut 10 dizaines, que j'ajoute aux quatre autres dizaines, et je dis : de 14 dizaines, ôtez-en 8, il en reste 6 que j'écris au-dessous des dizaines. Puis je continue en suivant toujours le même principe et disant : de 3 centaines on ne peut en ôter 9, j'emprunte 1 mille qui vaut 10 centaines; 10 centaines et 3 font 13; de 13 ôtez 9, reste 4.

Enfin de 5 unités de mille, ôtez 5, il ne reste rien.

Cette méthode est celle que les élèves comprennent le mieux.

2e EXEMPLE, RENFERMANT DES ZÉROS.

De	5006	unites,
Otez	4929	unités,
Reste	77	unités.

Raisonnant comme dans l'exemple précédent, je dis : de 6 unités, ôtez 9 unités, cela ne se peut; j'emprunte sur le 5 placé à gauche des zéros, une unité de mille qui vaut 9 centaines, 9 dizaines et 10 unités; j'ajoute les 10 unités aux 6 autres unités, et je dis : de 16 unités, ôtez-en 9, il en reste 7, que j'écris au-dessous de la colonne des unités. Comme l'unité de mille que j'ai empruntée valait, en plus des 10 unités, 9 centaines et 9 dizaines, j'attribue aux zéros la valeur de 9, et je continue en disant : de 9 dizaines, ôtez-en 2, il en reste 7 ; de 9 centaines, ôtez-en 9, il ne reste rien, et je pose 0 au-dessous de la colonne des centaines. Enfin de 4 unités de mille, ôtez-en 4, il ne reste rien.

45. Nous avons dit qu'on effectuait aussi la soustraction en augmentant de 10 unités le chiffre supérieur correspondant au chiffre inférieur qui se trouve plus fort. Par cette méthode, il faut avoir soin, après avoir augmenté de 10 le chiffre supérieur, d'augmenter d'une unité le chiffre inférieur placé immédiatement à la gauche de celui sur lequel on opère.

Exemple :		
	De	6098 unités,
	Otez	5609 unités,
	Reste	489 unités.

D'après ce principe, je dis : de 18 unités, ôtez-en 9, il en reste 9. J'ai augmenté de 10 unités le chiffre supérieur, j'augmente d'une dizaine le chiffre inférieur suivant, et je dis : de 9 dizaines, ôtez-en 1, il en reste 8, que j'écris au-dessous de la colonne des dizaines. Je continue en disant ; De 10 centaines, ôtez-en 6, il en reste 4. J'ai augmenté de 10 centaines le chiffre supérieur, j'augmente d'une unité de mille le chiffre inférieur suivant. Enfin, je termine l'opération en disant : De 6 unités de mille, ôtez-en 6, il ne reste rien, et je pose zéro au-dessous des unités de mille.

46. Ce principe prouve qu'on peut augmenter deux nombres d'une même quantité, sans que la différence en soit altérée.

47. Pour faire la preuve de la soustraction, on ajoute le reste au plus petit nombre, et le total doit être égal au plus grand nombre.

48. On fera effectuer aux élèves les soustractions suivantes :

1. De 699, ôtez 528. — 2. De 886, ôtez 321. — 3. De 524, ôtez 110. — 4. De 840, ôtez 27. — 5. De 6468, ôtez 5325. — 6. De 468526, ôtez 231212. — 7. De 2068, ôtez 1859. — 8. De 64,508, ôtez 56890. — 9. De 9000, ôtez 8999. — 10. De 160000, ôtez 89675. — 11. De 465000, ôtez 59875.

Ensuite on posera les problèmes suivants.

49. Une personne devait parcourir 96840 hectomètres, elle en a déjà parcouru 64210 ; combien lui en reste-t-il à parcourir?

Le chemin qui reste à parcourir est égal à la différence qui existe entre le nombre d'hectomètres que cette personne avait à parcourir, et le nombre de ceux qu'elle a déjà parcourus.

```
          96840
          64210   RÉPONSE : il lui reste à par-
          -----   courir 32630 hectomètres.
          32630
          -----
Preuve,   96840
```

50. Une autre personne doit parcourir

5295 kilomètres, et elle en a déjà parcouru 4308; combien lui en reste-t-il à parcourir?

	5295	
	4308	
	987	Réponse : 987 kilomètres.
Preuve,	5295	

51. On devait 45009 francs, on a payé 36860 francs; que doit-on encore?

	45009	
	36860	
	8149	Réponse : 8149 francs.
Preuve,	45009	

52. On avait 60008 francs de dettes, on a payé 5845 francs; que doit-on encore?

	60008	
	5845	
	54163	Réponse : 54163 francs.
Preuve,	60008	

53. Une personne devait payer 5847 francs, elle a déjà payé 2995 fr.; que doit-elle encore?

	5847	
	2995	
	2852	Réponse : 2852 francs.
Preuve,	5847	

54. On doit creuser autour d'un bois 2684 mètres de fossés, on en a déjà creusé 1988 mètres; combien en reste-t-il encore à faire?

	2684	
	1988	
	696	Réponse : il en reste à creuser 696 mètres.
Preuve,	2684	

55. On veut clore une propriété par un fossé qui aura 3680 mètres en longueur to-

tale. Le propriétaire a déjà fait creuser 2969 mètres; combien en reste-t-il à faire?

```
          3680
          2969
          ----
           711     RÉPONSE : 711 mètres.
          ----
Preuve,   3680
```

56. Une personne devait parcourir 1900 kilomètres, et elle en a déjà parcouru 600; combien lui en reste-t-il à parcourir?

```
          1900
           600
          ----
          1300     RÉPONSE : 1300 kilom.
          ----
Preuve,   1900
```

57. Une personne a emprunté 6480 fr. Elle paie une première fois 2000 fr., une seconde fois 845 fr., et une troisième fois 1949 fr.; que doit-elle encore?

```
1re fois,  2000     De     6480
2e fois,    845     Otez   4794
3e fois,   1949            ----
           ----     Reste  1686   RÉPONSE : 1686 f.
Total..    4794            ----
                    Pr.    6480
```

58. On a acheté un terrain pour 58645 fr. On le revend par parties : on vend la première partie 24567 fr., la seconde 16420 fr., la troisième 34560 fr.; on demande le bénéfice?

```
1re partie vendue,          24566
2e        —                 16420
3e        —                 34560
                            -----
Total de ce qu'on a reçu,   75547    RÉPONSE : on a gagné
On avait déboursé           58645      16902 francs.
                            -----
On a gagné                  16902
```

§ 3. Multiplication des nombres entiers.

59. La multiplication est une opération par laquelle on répète un nombre nommé *multiplicande*, autant de fois qu'il y a d'unités dans un autre nombre nommé *multiplicateur*. Le résultat se nomme *produit*. Le multiplicande et le multiplicateur sont les facteurs du produit.

60. Le multiplicande est le nombre qu'on doit répéter.

61. Le multiplicateur indique le nombre de fois qu'il faut répéter le multiplicande.

Ces principes seront démontrés de la manière suivante. 1er EXEMPLE : On a acheté 15 mètres de marchandise, à raison de 24 francs le mètre ; combien doit-on en totalité?

1 mètre coûte 24 francs : 24 est le multiplicande; c'est le nombre qu'on doit répéter. 15 mètres coûteront 15 fois 24 francs; 15 est le multiplicateur : c'est le nombre qui indique combien de fois on doit répéter le multiplicande.

```
  24  francs.
  15  mètres.
 ----
 120
 24
 ----
 360  francs.
```

2e EXEMPLE : 15 ouvriers font chacun 18 mètres d'ouvrage, combien en font-ils en tout?

1 ouvrier fait 18 mètres; 18 est le multiplicande, parce que c'est le nombre qu'on doit répéter. 15 ouvriers font 15 fois 18 mètres;

15 est le multiplicateur, qui indique le nombre de fois qu'on doit répéter le multiplicande.

18	mètres.
15	ouvriers.
90	
18	
270	mètres.

Toutes les fois qu'on démontrera un principe, on devra multiplier les exemples.

62. Le produit est de même nature que le multiplicande. Dans le premier exemple du nº 61, le multiplicande représente des francs; le produit représente aussi des francs. Dans le second exemple du même numéro, le multiplicande indique des mètres; le produit indique aussi des mètres.

63. Pour plus de facilité dans l'exécution des opérations, on peut mettre le multiplicateur à la place du multiplicande, et le multiplicande à la place du multiplicateur; le produit ne sera pas changé.

Exemple. On a acheté 6 mètres de drap à 8 francs le mètre; combien doit-on payer?

Multiplicande,	8	francs.
Multiplicateur,	6	mètres.
Produit,	48	francs,
	6	mètres.
	8	francs.
Produit,	48	francs.

Ainsi, quelle que soit la place du multiplicande ou celle du multiplicateur, le produit reste le même (1).

---

(1) Nous laissons à MM. les instituteurs le soin de

Ordinairement, c'est le plus petit des deux nombres qu'on place au-dessous de l'autre; la multiplication se trouve ainsi plus facile à effectuer.

Nous nous bornerons aux principes que nous jugeons indispensables. Nous supprimerons donc une foule de définitions qui se trouvent dans tous les traités, et qui n'ont d'autre résultat que de surcharger très-inutilement la mémoire des élèves, sans les amener plus vite à la pratique des opérations. Faire apprendre par cœur aux élèves, surtout à ceux des campagnes, la plupart de ces définitions, c'est évidemment leur faire perdre un temps précieux.

Cependant il est aussi un certain nombre de principes indispensables dont nous aurons soin de nous occuper.

64. Pour multiplier un nombre entier par 10, on place un zéro à la droite.

Ainsi, pour multiplier par 10 le nombre 45, par exemple, je poserai un zéro à la droite, et j'aurai 450. Mais le 5 qui représentait des unités, représente des dizaines, et le 4 qui exprimait des dizaines, indique des centaines. Chaque partie du nombre est devenue 10 fois plus forte; donc le nombre 45 a été multiplié par 10.

65. Pour multiplier un nombre entier par 100, il suffit de placer deux zéros à la droite. Si je veux multiplier par 100 le nombre 45

---

faire exécuter à leurs élèves des multiplications d'un seul chiffre au multiplicateur.

déjà cité, je placerai deux zéros à la droite, et j'aurai 4500. Alors il s'ensuivra que le 5 qui représentait des unités, représentera des centaines, et que le 4, qui représentait des dizaines, indiquera des unités de mille. Chaque partie du nombre 45 sera devenue 100 fois plus forte, et conséquemment ce nombre aura été multiplié par 100.

66. Pour multiplier un nombre entier par 1000, on ajoute trois zéros à la droite. Prenons toujours pour exemple le nombre 45; ajoutant trois zéros, on a 45,000.

Mais le 5, qui représentait des unités, indique des unités de mille; le chiffre 4, qui désignait des dizaines, indique des dizaines de mille; ainsi chaque partie du nombre 45 est devenue 1000 fois plus forte, et par conséquent ce nombre a été multiplié par 1000.

67. Si l'on voulait multiplier un nombre entier par 10000, on ajouterait quatre zéros à la droite; pour le multiplier par 100000, on en ajouterait cinq; par un million, on en ajouterait six, etc.

68. Voici, selon nous, une règle générale à suivre pour effectuer la multiplication. On pose le plus petit nombre au-dessous du plus grand. On multiplie successivement tous les chiffres du nombre supérieur par chaque chiffre du nombre inférieur; on obtient autant de produits partiels qu'il y a de chiffres dans le nombre inférieur. On écrit les produits les uns au-dessous des autres, de telle sorte que le premier chiffre à droite de chaque produit partiel soit placé sous le chiffre qui a servi à

former ce produit. La réunion des produits partiels forme le produit total (1).

Exemple. Proposons-nous de multiplier 655 par 46.

Opération :

```
  655
   46
 ----
 3930
2620
-----
30130
```

Je répète d'abord le nombre 655 six fois, comme l'indique le premier chiffre à droite du nombre inférieur, et j'obtiens pour premier produit partiel 3930. Je l'écris de telle sorte que le premier chiffre à droite se trouve au-dessous du chiffre 6, qui a servi à le former. Ensuite je multiplie le nombre 655 par le second chiffre du nombre inférieur; j'obtiens un nouveau produit partiel, qui est 2620. J'écris ce produit partiel de telle sorte que le premier chiffre à droite se trouve au-dessous du chiffre 4, qui a servi à le former. Je réunis les produits partiels pour former le produit total, qui est 30130.

69. La manière la plus facile de faire la preuve de la multiplication, c'est de mettre le multiplicande à la place du multiplicateur, et conséquemment le multiplicateur à la place du multiplicande. Si l'opération a été bien faite, on doit retrouver le même produit.

Par exemple, soit à multiplier 48 par 12.

---

(1) Ici encore la pratique est beaucoup plus utile que la théorie.

OPÉRATION.	48, multiplicande.	
	12, multiplicateur.	
	96	
	48	
Produit,	576	

PREUVE.

	12
	48
	96
	48
Produit,	576

70. La preuve de la multiplication se fait encore facilement en doublant le multiplicateur et en diminuant de moitié le multiplicande. Prenons pour exemple l'opération précédente, dont le produit est 576.

Moitié du multiplicande,	24
Double du multiplicateur,	24
	96
	48
Produit égal,	576

Problèmes sur la multiplication.

71. 85 ouvriers, travaillant à un ouvrage, en ont fait chacun 645 mètres; combien en ont-ils fait en tout?

Un ouvrier fait 645 mètres; 85 ouvriers font 85 fois 645 mètres, = 54825 mètres.

OPÉRATION.	PREUVE.
645	85
85	645
3225	425
5160	340
54825	510
	54825

72. 115 ouvriers ont fait chacun 865 mètres d'ouvrage; combien en ont-ils fait en tout?

Un seul ouvrier a fait 865 mètres; 115 ouvriers ont fait 115 fois 865 mètres.

```
   865
   115
  ----
  4325
  865
 865
 -----
 99475
```

Réponse : 99475 mètres.

73. Un ouvrage est composé de 55 volumes; chaque volume contient 48 feuilles, et chaque feuille 24 pages; combien les 55 volumes contiennent-ils de pages?

1 volume contient 48 feuilles; 55 volumes contiennent 55 fois 48 feuilles.

```
Multiplicande,    48 feulles,
Multiplicateur,   55
                 ----
                 240
                240
                ----
Produit,        2640
```

Les 55 volumes contiennent 2640 feuilles; or, une seule feuille contient 24 p.; 2640 feuilles contiennent donc 2640 fois 24 pages.

```
Multiplicateur,   2640
Multiplicande,      24 pages.
                 -----
                 10560
                 5280
                 -----
                 63360 pages.
```

Réponse : 63360 pages.

74. Un autre ouvrage est composé de 42 volumes; chaque volume contient 50 feuilles, chaque feuille contient 16 pages, chaque page est de 24 lignes, et chaque ligne de 45 lettres; combien l'ouvrage renferme-t-il de feuilles, de pages, de lignes et de lettres?

Un volume contient 50 feuilles; 42 volumes contiennent 42 fois 50 feuilles.

```
Multiplicateur,    42
Multiplicande,     50
                 ----
                 2100
```

1re Réponse : 2100 feuilles.

Une seule feuille contient 16 pages; 2100 feuilles contiennent 2100 fois 16 pages.

Multiplicande, 16 pag.
Multiplicateur, 2100

1600
32

Produit, 33600

2e Réponse : 33600 pages.

Une page se compose de 24 lignes; 33600 pages renferment 33600 fois 24 lignes.

Multiplicateur, 33600
Multiplicande, 24 lig.

134400
67200

Produit, 806400 lig.

3e Réponse : 806400 lignes.

Une seule ligne contient 45 lettres; 806400 lignes contiennent 806400 fois 45 lettres.

Multiplicateur, 806400
Multiplicande, 45 lett.

4032000
3225600

Produit, 36288000

4e et dernière Réponse : 36288000 lettres (1).

75. Combien coûteront 45 pièces de drap de 52 mètres chacune, le prix du mètre étant 45 francs?

Une pièce contient 52 mètres; 45 pièces contiennent 45 fois 52.

Multiplicande, 52 m.
Multiplicateur, 45

260
208

Produit, 2340 m.

Les 45 pièces contiennent 2340 mètres. Or, un mètre coûte 45 francs; 2340 mètres coûteront 2340 fois 45 francs.

---

(1) Telle est, selon nous, la manière de démontrer les problèmes aux jeunes élèves des écoles primaires.

Multiplicateur,	2340	Réponse : les 2340 mètres ou les 45 pièces de drap coûteront 105300 francs.
Multiplicande,	45	
	11700	
	9360	
Produit,	105300	

76. Combien coûteront 62 pièces de drap de 36 mètres chacune, le prix du mètre étant 25 francs?

Une pièce contient 36 mètres; 62 pièces contiennent 62 fois 36 mètres.

Multiplicande,	36	Les 62 pièces forment une longueur de 2232 mètres.
Multiplicateur,	62	
	72	
	216	
Produit,	2232	

Un mètre coûte 25 francs; 2232 mètres coûteront 2232 fois 25 francs.

Multiplicateur,	2232	
Multiplicande,	25	
	11160	
	4464	Réponse : 55800 francs.
Produit,	55800 f.	

77. 64 ouvriers, travaillant neuf heures par jour, ont fait en 32 jours un certain ouvrage? combien un ouvrier aurait-il employé d'heures pour faire cet ouvrage?

64 ouvriers, qui travaillent pendant 32 jours. font le même ouvrage qu'un seul ouvrier qui travaille pendant 64 fois plus de temps.

Multiplicande,	32 jours.
Multiplicateur,	64
	128
	192
	2048

Le produit est égal à 2048 journées de travail; or, il

est question de neuf heures de travail chaque jour; on devra donc obtenir pour dernier résultat 2048 fois neuf heures = 18432 heures. C'est le temps qu'un seul ouvrier aurait employé pour faire l'ouvrage.

78. 25 ouvriers, travaillant six heures par jour, ont fait un ouvrage en 39 jours; combien un ouvrier aurait-il employé d'heures pour faire cet ouvrage?

25 ouvriers, qui travaillent pendant 39 jours, font autant d'ouvrage qu'un seul ouvrier qui travaille 25 fois plus long-temps.

```
  39
  25
 ----
 195
 78
 ----
 975 jours.
```

Le produit est égal à 975 journées de travail; or, il est question de 6 heures de travail chaque jour; on obtiendra donc pour dernier résultat 975 fois 6 heures.

```
  975
    6
 ----
 5850 heures.
```

Réponse : un seul ouvrier aurait employé 5850 heures.

79. On a acheté 15 mètres de marchandise à 26 fr. le mètre, puis 42 mètres à 6 fr. le mètre, ensuite 35 mètres à 18 fr. le mètre; combien a-t-on acheté de mètres, et combien a-t-on payé en tout?

15 mètres coûtent 15 fois 26 francs;
42 mètres coûtent 42 fois 6 francs;
35 mètres coûtent 35 fois 18 francs.

```
  26           42              18
  15            6              35
 ----         ----            ----
 130        252 francs.        90
 26                            54
 ----                         ----
 390 fr.                      630 fr.
```

```
Ainsi, les 15  mètres coûtent 390 francs;
       les 42  mètres    —    252 fr.;
       les 35  mètres    —    630 fr.
          ----               -----
Total,     92  mètres. Total, 1272 fr.
```

Réponse : On a acheté 92 mètres, et on a payé 1272 fr.

80. On a acheté 9 mètres de marchandise à 15 francs le mètre, puis 28 mètres à 32 fr. le mètre, enfin 36 mètres à 12 francs le mètre; combien a-t-on acheté de mètres, et combien a-t-on payé?

9 mètres coûtent 9 fois 15 francs;

28 mètres coûtent 28 fois 32 francs;

36 mètres coûtent 36 fois 12 francs.

Multiplicande,	15 fr.	Multiplicande,	32 fr.
	9		28
	135 fr.		256
			64
			896 fr.

Multiplicande,	12 fr.
	36
	72
	36
	432 fr.

Tous les multiplicandes indiquent des francs; tous les produits sont de même nature que les multiplicandes.

Ainsi,	9	mètres coûteront		135 fr.
	28	mètres	—	896 fr.
	36	mètres	—	432 fr.
Total,	73	mètres.	Total,	1463 fr.

Réponse : On a acheté en tout 73 mètres, et on a payé 1433 francs.

81. Une personne a acheté 25 mètres de marchandise à 35 francs le mètre, puis 56 mètres à 42 fr. le mètre; elle a donné en paiement des billets pour 3500 francs; combien doit-on lui rendre?

25 mètres à 35 fr. ont coûté 25 fois 35 fr.;

56 mètres à 42 fr. ont coûté 56 fois 42 fr.

35 fr., multiplicande.
25 m., multiplicateur.

175
70

875 francs.

42 fr., multiplicande.
56 m., multiplicateur.

252
210

2352 francs.

Réunion des produits :

875
2352

Le tout a coûté 3227 francs.

Or la personne a donné	3500 francs.
Elle ne devait que	3227 fr.
On a dû lui rendre	273 fr.

82. Une autre personne a acheté 40 mètres de marchandise à 18 francs le mètre, puis 35 mètres à 45 francs le mètre; elle a donné en billets une somme de 3000 francs; combien doit-on lui rendre?

40 mètres ont coûté 40 fois 18 francs;
35 mètres ont coûté 35 fois 45 francs.

18 fr., multiplicande.
40 m., multiplicateur.

720 fr.

45 fr., multiplicande.
35 m., multiplicateur.

225
135

1575 fr.

Réunion des produits :

1575
720

2295 francs.

Le tout a coûté 2295 francs.

Or, la personne a donné en paiement	3000 francs.
Elle ne devait que..................	2295 francs.
On a dû lui rendre.........	705 francs.

83. On a acheté 27 mètres de drap à 45 fr. le mètre, puis 36 mètres à 42 fr. le mètre; on a donné en paiement des billets pour 2000 francs; combien doit-on encore?

27 mètres ont coûté 27 fois 45 francs;
36 mètres ont coûté 36 fois 42 francs.

```
  45                    42
  27                    36
 ----                  ----
 315                   252
 90                   126
 ----                 -----
1215 francs.          1512
```

Réunion des produits :

```
 1512
 1215
 ----
 2727 francs.
```

On devait donc................. 2727 francs.
On a payé...................... 2000 francs.
Réponse. On doit encore.... 727 francs.

§ 4. Division des nombres entiers.

84. La division est une opération par laquelle on cherche combien de fois un nombre appelé *dividende* en contient un autre appelé *diviseur*. Le résultat de l'opération se nomme *quotient*.

Règle générale.

85. On écrit le diviseur à la droite du dividende, en les séparant par un trait vertical; on tire un trait horizontal pour séparer le diviseur du quotient.

On prend à la gauche du dividende un nombre assez fort pour contenir le diviseur : il arrivera que ce nombre, ou premier dividende partiel, ne contiendra qu'autant de chiffres que le diviseur, ou qu'il en contiendra un de plus. S'il ne contient qu'autant de chiffres que le diviseur, on cherchera combien de fois le premier chiffre à gauche de ce dividende partiel contient le premier chiffre à gauche du diviseur; si, au contraire, le dividende partiel contient un chiffre de plus que le diviseur, on cherchera combien de fois les deux premiers chiffres à gauche de ce dividende contiennent le premier chiffre à gauche du diviseur. On multipliera le diviseur par le chiffre qu'on aura posé au quotient. Si le produit de cette multiplication ne peut être retranché du dividende partiel, c'est que le chiffre posé au quotient est trop fort; si, au contraire, le produit étant soustrait du dividende partiel, on obtient un reste égal au diviseur ou même plus fort, c'est que le chiffre du quotient est trop faible; et lorsqu'enfin le reste obtenu est inférieur au diviseur, le chiffre posé au quotient est exact.

A côté du premier reste, on abaissera le chiffre suivant; on obtiendra un second dividende partiel sur lequel on éxécutera les mêmes opérations que sur le premier, et on aura le second chiffre du quotient. Toutes les fois que le dividende partiel ne pourra contenir le diviseur, on écrira zéro au quotient, et on abaissera le chiffre suivant. On continuera en suivant les mêmes principes jusqu'à ce que tous les chiffres du dividende total aient été abaissés.

1er EXEMPLE. On propose de diviser 31 252 500 par 625.

OPÉRATION.

Dividende,	31252500	625, diviseur.
	3125	50004, quotient.
	0 2500	
	2500	

Nous choisissons une division qui donne des zéros, et qui oblige à prendre un chiffre de plus au dividende.

D'abord, il est facile de voir que les trois premiers chiffres à gauche du dividende ne peuvent contenir le diviseur; nous en prendrons quatre, et nous dirons : En 3125 combien de fois 625, ou en 31 combien de fois 6, il y est 5 fois.

On écrira 5 au quotient.

On multipliera tout le diviseur par le chiffre 5 ; on obtiendra pour produit le nombre 3125 égal au dividende partiel ; alors on trouvera zéro pour reste de la soustraction. On abaissera le chiffre 2, qui seul formera le second dividende partiel, et l'on dira : En 2 combien de fois 625, il n'y est pas, et l'on posera 0 au quotient. On abaissera le chiffre 5, et on cherchera si le troisième dividende partiel 25 peut contenir le diviseur; comme cela ne se peut, on écrira de nouveau 0 au quotient. A droite du nombre 25 on abaissera le chiffre suivant du dividende total, et l'on aura pour quatrième dividende partiel le nombre 250. On cherchera si ce nombre peut contenir le diviseur; et comme c'est impossible, on écrira encore 0 au quotient. Enfin, on abaissera le dernier chiffre du dividende, et l'on aura pour cinquième et dernier dividende partiel 2500. On dira : En 2500 combien de fois peut-on trouver 625, ou en 25, combien de fois 6? 4 fois; on écrira 4 au quotient; on multipliera par ce dernier chiffre tout le diviseur, et l'on obtiendra le produit 2500, égal au dernier dividende partiel.

La soustraction effectuée, il n'y aura point de reste, et la division sera terminée.

2e EXEMPLE. Diviser 98458 par 86.

```
Dividende, 98458 | 86, diviseur,
           86    |------------
          ----     1144, quotient.
           124
            86
           ---
            385
            344
           ----
            418
             74
```

Pour faire cette division, on dit : En 98 combien de fois 86 ? 1 fois. On multiplie 86 par le chiffre 1 du quotient; on retranche le produit du dividende partiel, et il reste 38. (Si au lieu de poser 1 au quotient, on eût posé 2, on aurait obtenu un produit trop grand pour qu'il pût être retranché du dividende partiel.)

A la suite du reste, on abaisse le chiffre suivant du dividende total, et l'on obtient le nombre 124 pour deuxième dividende partiel. On cherche combien de fois le diviseur est contenu dans ce dividende partiel ; on trouve qu'il n'y est contenu qu'une fois. On multiplie 86 par 1, on retranche le produit du dividende partiel, et il reste 38.

On abaisse le chiffre suivant du dividende total, et l'on obtient le nombre 385 pour troisième dividende partiel. On cherche combien de fois le diviseur est contenu dans ce dividende partiel, et on trouve qu'il y est contenu 4 fois. Si l'on mettait le chiffre 5 au quotient, en multipliant par ce chiffre le diviseur, on obtiendrait un produit trop fort pour qu'il pût être soustrait du dividende partiel; si, au contraire, on posait au quotient le chiffre 3, on obtiendrait un produit qui, soustrait du dividende partiel, donnerait un reste plus fort que le diviseur. C'est donc le chiffre 4 qu'on doit écrire au quotient.

On multiplie par 4 le diviseur, et on retranche du dividende partiel le produit de la multiplication, il reste 41 ; on abaisse le dernier chiffre du dividende total, et l'on obtient 418 pour quatrième et dernier dividende partiel. On cherche combien de fois ce dividende contient le diviseur; et si en multipliant le diviseur par le chiffre qu'on aura posé au quotient, on obtient, comme il vient déjà d'être dit, un nombre plus fort que le dividende partiel, ce sera la preuve qu'on aura posé au quotient un chiffre trop fort; si, au contraire, on obtient un reste égal au diviseur, ou même plus fort, ce sera la preuve qu'on aura posé au quotient un chiffre trop faible. (On procédera toujours ainsi, afin d'exercer les élèves.)

On trouvera ensuite le chiffre exact qu'on devra poser au quotient. Dans la division que nous effectuons, le dernier chiffre du quotient sera 4; on multipliera par ce chiffre tout le diviseur, et l'on retranchera le produit du dividende partiel ; il restera 74. Tous les chiffres du dividende total se trouvant abaissés, la division est terminée.

Il y a une manière bien plus expéditive pour faire la division : c'est de soustraire immédiatement chaque produit de chaque dividende partiel, sans poser ces produits au-dessous des dividendes. Cette méthode est assez généralement adoptée.

86. Pour diviser un nombre entier par 10, on retranche un chiffre sur la droite. Par exemple, si je veux diviser par 10, le nombre 560, je retranche un chiffre sur la droite, et j'obtiens 56. Alors, il arrive que le chiffre 6, qui représentait des dizaines, n'exprime plus que des unités, et que le chiffre 5, qui exprimait des centaines, n'indique plus que des dizaines. Chaque chiffre est devenu dix fois plus faible; donc le nombre 56 a été divisé par 10.

87. Pour diviser un nombre entier par 100, on retranche deux chiffres sur la droite. Par exemple, si je veux diviser par 100 le nombre 4567, je retranche deux chiffres sur la droite, et j'obtiens 45 unités 67 centièmes. Mais alors le chiffre 5, qui exprimait des centaines, ne représente plus que des unités; le chiffre 4, qui exprimait des unités de mille, n'indique plus que des dizaines; le chiffre 6, qui indiquait des dizaines, ne représente plus que des dixièmes; enfin, le chiffre 7, qui indiquait des unités, ne représente plus que des centièmes. Chaque partie du nombre proposé est devenue 100 fois plus faible; donc le nombre a été divisé par 100.

88. Par un raisonnement analogue, on démontrera que pour diviser un nombre par 1000, il faut retrancher trois chiffres sur la droite; que pour diviser un nombre par 10000, il faut retrancher quatre chiffres, etc.

89. Pour faire la preuve de la division, on multiplie le quotient par le diviseur, et l'on

doit obtenir pour produit le dividende. Toutes les fois qu'il y a un reste, il faut l'ajouter.

Problèmes sur la division (1).

90. Partagez 64555 entre 11 personnes.

```
Dividende, 64555   | 11, diviseur.
           095     |-----------
           075     | 5868, quotient.
           095     |   11
            07     |-------
                     5868  \
                    5868    |
                       7    | PREUVE.
                   -------  |
                   64555   /
```

Réponse. Chaque personne recevra 5868 francs, et il restera 7 francs à partager (2).

(Nous n'abaisserons des zéros à la suite du reste que lorsque nous traiterons de la division des nombres décimaux).

91. Partagez 88666 francs entre 45 personnes.

```
Dividende, 88666 | 45, diviseur.
           436   |-----------
            316  | 1970, quotient
            016  |   45
                 -------
                  9850  \
                 7880    |
                   16    | PREUVE.
                 ------  |
                 88666  /
```

Réponse. Chaque personne recevra 1970 fr.

---

(1) Nous laisssons à MM. les instituteurs le soin de faire exécuter à leurs élèves des divisions plus faciles ; par exemple par 4, par 5, par 6, par 3, etc.

(2) Nous suivons la méthode la plus expéditive, dont nous avons parlé à la fin du n° 85.

92. Partagez 55845 francs entre 95 personnes, et dites ce que chacune devra recevoir.

```
55845 | 95
 834  |-----
  745   587
```

Réponse. 587 francs.

93. On veut copier plusieurs volumes, renfermant ensemble 6448 pages; on peut copier 124 pages par semaine; combien sera-t-on de semaines pour copier la totalité?

On sera autant de semaines qu'il y a de fois 124 pages dans 6448 pages. = Réponse : 52 semaines.

```
Dividende, 6448 | 124, diviseur.
           0248 |-------------
            000   52, quotient.
```

94. On veut copier 25 autres volumes, contenant ensemble 64288 pages; on peut copier 224 pages par semaine; combien sera-t-on de semaines pour copier la totalité?

On sera autant de semaines qu'il y a de fois 224 pages dans 64288 pages. = Réponse : 287 semaines.

```
64288 | 224
 1948 |-----
  1568  287
   000
```

95. On possède 48 pièces de drap, chacune de 27 mètres; on les vend ensemble 62208 fr.; combien vend-on chaque mètre?

Les 48 pièces contiennent 48 fois 27 mètres. = 1296 mètres.

Or 1296 mètres sont vendus 62208 francs; 1 mètre est vendu 1296 fois moins.

```
  48
  27
 ---
 336
 96
----
1296
```

$= \frac{62208}{1296} = 48$ francs.

```
62208 | 1296
10368 |------
 0000 |  48
```

96. On possède 52 pièces de marchandise de chacune 24 mètres; on vend la totalité 82368 fr.; combien vend-on chaque mètre?

Les 52 pièces contiennent 52 fois 24 mètres. = 1248 mètres.

Or 1248 mètres sont vendus 82368 francs; 1 mètre est vendu 1248 fois moins. = 66 fr.

```
82368 | 1248
07488 |------------
 0000 | 66 francs.
```

97. Un négociant a vendu 385 kilogrammes de marchandise pour 5775 fr., puis 245 kilog. d'autre marchandise pour 2450 fr., enfin 127 k. d'une troisième espèce de marchandise pour 2540 fr.; combien vend-il le kilogramme de chaque espèce?

385 kilogrammes de la première espèce se vendent 5775 francs; 1 kilogramme se vend 385 fois moins. $= \frac{5775}{385} =$ 1re RÉPONSE, 15 francs le kilogramme.

245 kilog. de la seconde espèce se vendent 2450 fr.; 1 kilog. se vend $\frac{2450}{245} =$ 2e RÉPONSE, 10 fr. le kilog.

127 kilog. de la troisième espèce sont vendus 2540 francs; 1 kilog. est vendu $\frac{2540}{127} =$ 3e RÉPONSE, 20 fr. le kilog. (1).

---

(1) Il sera souvent nécessaire de multiplier les exemples dans le même sens.

OPÉRATIONS.

1re.	2e.	3e.
5775 | 385	2450 | 245	2540 | 127
1925 — 15	0000 — 10	0000 — 20 fr.
000		

98. Combien y a-t-il de jours, d'heures, de minutes, dans 1296000 secondes?

Puisqu'il faut 60 secondes pour faire une minute, autant de fois il y aura 60 dans 1296000, autant il y aura de minutes. = 1re RÉPONSE, 21600 minutes.

```
1296000 | 60
 096    |------
  360   | 21600 minutes.
   0000
```

Dans une heure il y a 60 minutes; autant de fois il y aura 60 dans 21600, autant il y aura d'heures. = 2e RÉPONSE, 360 heures.

```
21600 | 60
 360  |----
  000 | 360
```

Dans un jour il y a 24 heures; autant de fois il y aura 24 dans 360, autant on trouvera de jours. = 3e RÉPONSE, 15 jours.

Preuve de l'opération.

15 jours contiennent 15 fois 24 heures. = 360 heures.

```
  24
  15
 ----
 120
 24
 ----
 360
```

Dans une heure il y a 60 minutes; dans 360 heures il y a 360 fois 60 minutes. = 21600 minutes.

Une minute vaut 60 secondes; 21600 minutes valent 21600 fois 60 secondes. = 1296000 secondes.

99. Combien y a-t-il de jours, d'heures, de minutes dans 691200 secondes?

En divisant 691200 par 60, on trouvera le nombre de minutes = 11520.

```
691200 | 60
091    |------
 312   | 11520 minutes.
  120
   060
```

En divisant 11520 par 60, on trouvera le nombre d'heures = 192.

```
11520 | 60
 552  |------
  120 | 192 heures.
   00
```

Enfin, si l'on divise 192 par 24, on trouvera le nombre de jours = 8.

Preuve.

En multipliant 8 par 24, on retrouvera 192 heures. Si l'on multiplie 192 par 60, on aura le produit 11520 minutes. Enfin, en multipliant 11520 par 60, on retrouvera 691200 secondes.

100. Lorsque 28 ouvriers, travaillant 8 heures par jour, gagnent 84 francs, combien gagnent 52 ouvriers?

28 ouvriers gagnent 84 fr.; 1 ouvrier gagne $\frac{84}{28}$ = 3 fr.

52 ouvriers gagnent 52 fois 3 fr. = 156 fr.

101. 57 ouvriers, en 15 jours, ont gagné

2565 francs; combien ont gagné 25 ouvriers pendant le même temps?

57 ouvriers ont gagné 2565 francs; 1 ouvrier a gagné $\frac{2565}{57}$ = 45 fr.

Or 25 ouvriers ont gagné 25 fois 45 fr. = 1125 fr.

102. 45 moutons ont coûté 540 fr.; combien ont coûté 22 moutons?

45 moutons coûtent 540 fr.; 1 mouton coûte $\frac{540}{45}$ = 12 f.

Or 22 moutons coûtent 22 fois 12 fr. = 264 fr.

103. Un commerçant a acheté 15 chevaux pour 3750 fr.; combien lui auraient coûté 25 chevaux de même valeur?

15 chevaux coûtent 3750 fr.; 1 cheval coûte $\frac{3750}{15}$ = 250 fr.

Et 25 chevaux coûtent 25 fois 250 fr. = 6250 fr.

104. Lorsque 49 mètres de drap coûtent 833 fr., combien coûteront 37 mètres?

49 mètres coûtent 833 fr.; 1 mètre coûtera $\frac{833}{49}$ = 17 f.

Et 37 mètres coûteront 37 fois 17 fr. = 629 fr.

105. En 45 jours on a fabriqué 675 mètres de marchandise; combien en aurait-on fabriqué en 27 jours?

En 45 jours on fabrique 675 mètres; en 1 jour on en fait 45 fois moins. $\frac{675}{45}$ = 15 mètres.

Et en 27 jours on en fabrique 27 fois 15 mètres. = 405 mètres.

—

CHAPITRE III.

NUMÉRATION, ADDITION, SOUSTRACTION, MULTIPLICATION ET DIVISION DES NOMBRES DÉCIMAUX.

§ 1er. Numération des nombres décimaux.

106. L'unité se partage en 10 parties égales qu'on nomme dixièmes; ainsi, il faut 10 dixièmes pour valoir une unité. Chaque dixième est partagé en 10 parties égales nommées centièmes; ainsi, il faut 10 centièmes pour faire un dixième. Le centième se partage en 10 parties nommées millièmes, et 1 centième vaut 10 millièmes. De même le millième se partage en 10 parties égales appelées dix-millièmes, et il faut 10 dix-millièmes pour valoir un millième. Le dix-millième se partage également en 10 parties nommées cent-millièmes; le cent-millième, en 10 parties qu'on appelle millionièmes, etc.

Unités	Dixièmes.	Centièmes.	Millièmes.	Dix-millièmes.	Cent-millièmes.	Millioniémes	Dix-millioniémes	Cent-millioniémes
1	0	0	0	0	0	0	0	0
	1	0	0	0	0	0	0	0
		1	0	0	0	0	0	0
			1	0	0	0	0	0
				1	0	0	0	0
					1	0	0	0

Ce simple tableau démontre clairement qu'une unité vaut conséquemment 10 dixièmes, ou 100 centièmes, ou 1000 millièmes, ou 10000 dix-millièmes, 100000 cent-millièmes, etc.; et qu'alors un dixième vaut 10 centièmes, ou 100 millièmes, ou 1000 dix-millièmes, 10000 cent-millièmes, etc.

D'où il résulte encore qu'un centième vaut 10 millièmes, ou 100 dix-millièmes, ou 1000 cent-millièmes, etc.; qu'ensuite 1 millième vaut 10 dix-millièmes, ou 100 cent-millièmes, 1000 millioniêmes, etc., etc.

107. Ainsi, on place une virgule à la droite des unités pour les séparer des décimales; on écrit les dixièmes à la droite de la virgule, et conséquemment à la droite des unités. On écrit ensuite les centièmes à la droite des dixièmes, les millièmes à la droite des centièmes, les dix-millièmes à la droite des millièmes, et ainsi de suite.

108. On nomme fractions décimales, ou simplement décimales, les parties plus petites que l'unité, et qui sont de dix en dix fois plus petites les unes que les autres. Ainsi les dixièmes, les centièmes, les millièmes, les dix-millièmes, etc., sont des fractions décimales ou des décimales.

109. Un nombre décimal est celui qui contient des unités et des décimales. Ainsi 0,5 0,45 qui s'énoncent : 5 dixièmes, quarante-cinq centièmes sont des décimales; et 4,2 65,55, qui s'énoncent : 4 unités, deux dixièmes, soixante-cinq unités cinquante-cinq centièmes sont des nombres décimaux.

110. **On ne change pas la valeur d'un nombre décimal, ou d'une fraction décimale, quel que soit le nombre de zéros qu'on ajoute à la droite.** Ce principe se trouve démontré par le tableau et les raisonnements qui précèdent. Nous avons vu, en effet, qu'une unité vaut 10 dixièmes, qu'un dixième vaut 10 centièmes : alors une unité vaut 100 centièmes; or 1 centième vaut 10 millièmes; donc une unité ou 100 centièmes valent 100 fois 10 millièmes ou 1000 millièmes, etc.

Ainsi l'expression 100 centièmes représente un nombre 10 fois plus grand en apparence que l'expression 10 dixièmes; mais comme les centièmes valent 10 fois moins que les dixièmes, il y a compensation, valeur équivalente. L'expression 1000 millièmes paraît de même représenter un nombre 10 fois plus fort que 100 centièmes, ou 100 fois plus fort que 10 dixièmes; mais, puisque les millièmes valent 10 fois moins que les centièmes, et 100 fois moins que les dixièmes, il y a donc compensation, valeur équivalente dans toutes ces expressions, ainsi que dans toutes celles que nous avons citées plus haut. Il en est de même de tous les nombres décimaux et de toutes les fractions décimales. Donc on ne change pas, etc. (Comme ci-dessus).

111. Pour lire une fraction décimale, il suffit d'énoncer le nombre comme si c'était un nombre entier, et de lui donner la dénomination de la dernière décimale à droite. Par exemple, je suppose qu'il s'agisse de lire la fraction décimale 0,5657 dix-millièmes. On voit que tout le nombre est cinq mille six cent cinquante-sept, mais que la dernière décimale ou le dernier chiffre à droite représente des dix-millièmes; alors ce nombre sera énoncé cinq mille six cent cinquante-sept dix-millièmes. Je suppose encore qu'il s'agisse de lire la fraction décimale 0,55465 cent-millièmes. On voit que tout le nombre est cinquante-cinq mille quatre cent soixante-cinq, mais que la dernière décimale à droite désigne des cent-millièmes; alors le nombre sera énoncé cinquante-cinq mille quatre cent soixante-cinq cent-millièmes.

112. Il y a une autre manière de lire une fraction décimale, c'est de donner séparément à chaque chiffre la dénomination ou la valeur qui lui convient. D'après ce principe la fraction décimale 0,5657 s'énoncerait : 5 dixièmes, 6 centièmes, 5 millièmes, 7 dix-millièmes; et la fraction décimale 0,55465 s'énoncerait : 5 dixièmes, 5 centièmes, 4 millièmes, 6 dix-millièmes, 5 cent-millièmes.

113. Pour lire un nombre décimal, on énonce d'abord la partie entière (c'est-à-dire celle qui représente les unités) comme si elle était seule, ensuite la partie décimale de la manière qu'il vient d'être dit. (Nos 111 et 112.) Par exemple, je suppose qu'il s'agisse de lire le nombre décimal 655,465, on l'énoncera : six cent cinquante-cinq unités, quatre cent soixante-cinq millièmes. Je suppose encore qu'on veuille lire le nombre 4652,4652, on l'énoncera : quatre mille six cent cinquante-deux unités, quatre mille six cent cinquante-

deux dix-millièmes. Et d'après ce que nous avons dit (nos 111 et 112), les deux derniers nombres que nous venons d'indiquer peuvent encore s'énoncer : six cent cinquante-cinq unités, quatre dixièmes, six centièmes, cinq millièmes, et quatre mille six cent cinquante-deux unités, quatre dixièmes, six centièmes, cinq millièmes, deux dix-millièmes.

114. On exercera les élèves en leur faisant lire les fractions décimales suivantes :

0.6 0,7 0,9 0,5 0,4 0,2
0,1 0,8 0,3

0.25	0,98	0,845
0,30	0.45	0,767
0,55	0,256	0,648
0,65	0.455	0,755
0.78	0,640	0.675
0,90	0,765	0.848
0,95	0,945	0.946
0.6665	0,5555	0,7775
0,8888	0.9999	0,4444
0,5666	0,4675	0,4555
0,66666	0,55555	0,44444
0.33333	0,22222	0,11111
0,11111	0,77777	0,88888
0,99999	0,444444	0,555555
0.666666	0,777777	0,888888

115. Lorsque les élèves sauront lire ces fractions décimales, ils n'éprouveront guère de difficulté à lire les nombres décimaux suivants :

4,4	45,65	45,6444
5,5	75,35	55,5555
6,8	65,70	66,6666

7,9	85.85	35,3333
9,7	95,95	75,7777
8,5	645,645	45.44444
4,6	525.525	55,55555
5.8	425,425	66,66666
9,8	675.675	77,77777
6,7	850,850	88,88888
5,4	965,965	11,111111
42.25	775,775	22.222222
66,45	885.885	33,345466
57.55	445,445	56,565642
68,65	336.336	67.454454
89,45	666,666	78,565565
55.58	778,778	85.845845

116. Pour écrire une fraction décimale, on commencera par poser un zéro pour remplacer les unités; on mettra une virgule à la droite de ce zéro, afin de séparer les unités des décimales. On écrira les dixièmes à la droite de la virgule, les centièmes à la droite des dixièmes, les millièmes à la droite des centièmes, etc., ainsi qu'il a été dit (nº 107).

Je suppose, par exemple, qu'il s'agisse d'écrire la fraction décimale 0,5555.

Je mettrai d'abord un zéro pour remplacer les unités; et puisque le dernier chiffre à droite représente des dix-millièmes, je placerai des points à la droite du zéro, en disant : dixièmes, centièmes, millièmes, dix-millièmes, de la manière suivante :

0, ...

Et comme le nombre total est cinq mille cinq cent cinquante-cinq, je l'énoncerai en reprenant de droite à gauche les points que j'ai formés, et disant : unités, dizaines, centaines, mille, cinq mille cinq cent cinquante-cinq. J'écrirai sur les points formés le nombre 5555, qui alors représentera des dix-millièmes, conformément à l'énoncé.

On procèdera de la même manière pour toutes les fractions décimales.

S'il manquait des décimales dans le nombre énoncé, on les remplacerait par des zéros.

On fera écrire aux élèves toutes les fractions décimales que nous avons indiquées (nº 114).

La méthode que nous venons d'indiquer est celle que l'on suit presque toujours. Cependant je suppose qu'on propose d'écrire la fraction décimale cinq millièmes, six millionièmes: je mettrai un zéro à la place des unités, je placerai une virgule à la droite du zéro, puis je dirai sans former aucun point : Dans le nombre énoncé, il n'y a point de dixièmes, je les remplace par zéro; il n'y a point non plus de centièmes, je les remplace par zéro; mais il y a cinq millièmes que j'écris. Après les millièmes, l'ordre immédiatement inférieur représente les dix-millièmes, il n'y en a pas, je les remplace par zéro; il n'y a pas non plus de cent-millièmes, je les remplace par zéro; mais il y a six-millionièmes, que j'écris. La fraction décimale se trouvera alors écrite comme il suit :

0,005006, conformément à la manière dont elle aura été énoncée.

117. Pour écrire un nombre décimal, on écrit d'abord les unités, comme si elles étaient

seules; on les sépare des décimales au moyen d'une virgule, à la droite de laquelle on écrit les décimales comme nous venons de l'indiquer (nº 116).

Citons seulement un exemple.

Soit proposé d'écrire le nombre décimal 775,775. J'écris d'abord le nombre 775 représentant les unités, de la même manière qu'on écrit un nombre entier; je place une virgule à la droite de ce nombre, et à la droite de la virgule j'écris la fraction décimale, conformément à la manière dont elle a été énoncée (nº 116).

118. Pour multiplier un nombre décimal ou une fraction décimale par 10, on avance la virgule d'un rang vers la droite. Par exemple, si je veux multiplier par 10 le nombre 36,45, j'avancerai la virgule d'un rang sur la droite et j'aurai 364,5. Alors le chiffre 6, qui dans le premier nombre exprimait des unités, représentera des dizaines dans le second; le chiffre 3, qui exprimait des dizaines, représentera des centaines; le chiffre 4, qui indiquait des dixièmes, exprimera des unités; enfin le chiffre 5, qui indiquait des centièmes, exprimera des dixièmes. Chaque partie du nombre proposé est devenue dix fois plus forte : donc ce nombre a été multiplié par 10.

119. Pour multiplier un nombre décimal ou une fraction décimale par 100, il suffit d'avancer la virgule de deux rangs sur la droite.

Par exemple, qu'on veuille multiplier par 100 le même nombre 36,45, en avançant la virgule de deux rangs vers la droite, ou ce qui revient au même, en la supprimant, on obtient 3645. Mais le chiffre 6, qui, dans le premier nombre exprimait des unités, indique des centaines dans le second; le chiffre 3, qui représentait des dizaines, exprime des unités de mille; le chiffre 4, qui exprimait des dixièmes, représente des dizaines; enfin le chiffre 5, qui indiquait des centièmes, exprime des unités. Chaque partie du nombre proposé est devenue 100 fois plus forte : donc ce nombre a été multiplié par 100.

120. Il résulte de ce qui précède que, pour multiplier un nombre décimal par 1000, il faut avancer la virgule de trois rangs vers la droite. Pour le multiplier par 10000, on avancera la virgule de quatre rangs, et ainsi de suite. Pour le prouver, on raisonnera comme dans les numéros 118 et 119.

(Il faut quelquefois ajouter des zéros sur la droite des nombres proposés.)

121. De tout ce qui vient d'être dit, il est facile de conclure que pour diviser un nombre décimal ou une fraction décimale par 10, par 100, par 1000, etc., il suffit de reculer la virgule d'un, de deux, de trois rangs vers la gauche, etc.

Par exemple, si l'on veut diviser par 10 la fraction décimale 0,45, on reculera la virgule d'un rang sur la gauche, ayant toujours soin de mettre un zéro à la place des unités, et l'on obtiendra 0,045. Mais alors le chiffre 4, qui représentait des dixièmes, se trouve à la place des centièmes; le chiffre 5, qui exprimait des centièmes, ne représente plus que des millièmes; ainsi chaque partie de la fraction proposée est devenue 10 fois plus faible : cette fraction a donc été divisée par 10.

Ensuite, qu'on veuille, par exemple, diviser par 100 le nombre décimal 586,4, on reculera la virgule de deux rangs sur la gauche, et l'on obtiendra le nombre 5,864. Alors le chiffre 5, qui dans le premier nombre représentait des centaines, se trouve dans le second à la place des unités; le chiffre 8, qui indiquait des dizaines, se trouve au rang des dixièmes; le chiffre 6, qui représentait des unités, n'indique plus que des centièmes; enfin le chiffre 4, qui exprimait des dixièmes, ne représente plus que des millièmes; ainsi toutes les parties du nombre proposé sont devenues 100 fois plus faibles : donc ce nombre a été divisé par 100.

On raisonnera de la même manière pour prouver qu'en reculant la virgule de trois, quatre rangs, etc., vers la gauche, on divisera par 1000, 10000, etc., un nombre décimal quelconque. Il résulte de tout ce qui précède, que la base de toute la numération est le nombre 10.

122. Ainsi, dans les nombres entiers, comme dans les nombres décimaux, tout chiffre placé immédiatement à gauche d'un autre, représente des unités 10 fois plus fortes; tout chiffre placé deux rangs sur la gauche, représente des unités 100 fois plus fortes; et tout chiffre placé trois rangs sur la gauche représente des unités mille fois plus fortes, et ainsi de suite. Et au contraire, tout chiffre placé immédiatement à la droite d'un autre indique des unités 10 fois

plus faibles ; le même chiffre se trouvant deux, trois, quatre rangs, etc., à la droite d'un autre, indiquera des unités 100 fois, 1000 fois, 10000 fois, etc., plus faibles. (Nos 106, 118, 119, 120, 121.)

123. Multipliez par 10 les nombres suivants :

4,25	6,28	7,35	42,25
0,8	0,9	0,45	0,35

RÉPONSES.

4,25 × 10 = 42,5	0,8 × 10 = 8
6,28 × 10 = 62,8	0,9 × 10 = 9
7,35 × 10 = 73,5	0,45 × 10 = 4,5
42,25 × 10 = 422,5	0,35 × 10 = 3,5

124. Multipliez par 100 les nombres suivants :

4,25 6,35 42,356 9,356
7,425 8,955 0,4 0,25 0,6
0,7 0,355 0,625

RÉPONSES.

4,25 × 100 = 425	7,425 × 100 = 742,5
6,35 × 100 = 635	8,955 × 100 = 895,5
42,356 × 100 = 4235,6	0, 4 × 100 = 40
9,356 × 100 = 935,6	0,25 × 100 = 25
0,6 × 100 = 60	0,355 × 100 = 35,5
0,7 × 100 = 70	0,625 × 100 = 62,5

125. Multipliez par 1000 les nombres suivants :

4,2658	6,7565	4,6565
3.3658	0,456	0,755
0,25	0,4	0,8

RÉPONSES.

4,2658 × 1000 = 4265,8

6,7565 × 1000 = 6756,5
4,6565 × 1000 = 4656,5
3,3658 × 1000 = 3365,8
0,456 × 1000 = 456
0,755 × 1000 = 755
0,25 × 1000 = 250
0,4 × 1000 = 400
0,8 × 1000 = 800

Lorsque les élèves seront bien exercés à multiplier tous ces nombres, ils n'éprouveront pas plus de difficulté pour les multiplier par 10000, 100000, etc.

126. Divisez par 10 les nombres suivants :

46,25	4,25	0,6
25,30	56,56	0,7
64,35	0,65	0,9

Réponses.

46.25 : 10 = 4,625
64.35 : 10 = 6,435
56,56 : 10 = 5,656
25,30 : 10 = 2,530
4,25 : 10 = 0,425
0,65 : 10 = 0,065
0,6 : 10 = 0,06
0,7 : 10 = 0,07
0,9 : 10 = 0,09

127. Divisez par 100 les nombres suivants :

465,25	25,6	5,6
24,5	8,5	0,08
4,6	0,9	0,09
0,7	645,9	0,25
652,3	35,5	0,45

RÉPONSES.

465,25 : 100 = 4,6525
652, 3 : 100 = 6,523
24, 5 : 100 = 0,245
4, 6 : 100 = 0,046
0, 7 : 100 = 0,007
25, 6 : 100 = 0,256
8, 5 : 100 = 0,085
0, 9 : 100 = 0,009
645, 9 : 100 = 6,459
35, 5 : 100 = 0,355
5, 6 : 100 = 0,056
0,08 : 100 = 0,0008
0,09 : 100 = 0,0009
0,25 : 100 = 0,0025
0,45 : 100 = 0,0045

128. Divisez par 1000 les nombres suivants :

6456,4	84654.64
542,6	845,7
45.5	62,6
5,25	7,28
0,6	0,9
0,04	0,08
0,006	0,009

RÉPONSES.

6456,4 : 1000 = 6.4564
84654,64 : 1000 = 84.65464
542.6 : 1000 = 0,5426
845,7 : 1000 = 0,8457
45,5 : 1000 = 0,0455
62,6 : 1000 = 0,0626
5,25 : 1000 = 0,00525

7,28 : 1000 = 0,00728
0,6 : 1000 = 0,0006
0,9 : 1000 = 0,0009
0,04 : 1000 = 0,00004
0,08 : 1000 = 0,00008
0,006 : 1000 = 0,000006
0,009 : 1000 = 0,000009

Lorsque les élèves seront bien exercés à diviser tous ces nombres, ils réussiront également à les diviser par 10000, 100000, etc.

§ 2. Addition des nombres décimaux.

129. L'addition des nombres décimaux se fait comme celle des nombres entiers, en écrivant les unités de même espèce les unes au-dessous des autres ; mais il faut séparer à la droite du produit autant de décimales qu'il y en a dans le nombre qui en contient le plus. Ainsi, pour faire une addition de nombres décimaux, après avoir écrit les unités sous les unités, les dizaines sous les dizaines, etc., et après avoir séparé par une virgule les unités des décimales, on écrit, à la droite de la virgule, les dixièmes sous les dixièmes, les centièmes, les millièmes sous les millièmes, etc. On additionne la dernière colonne à droite ; si la somme qu'elle contient ne dépasse pas neuf, on l'écrit au-dessous ; si elle dépasse neuf, on écrit les unités, et l'on reporte les dizaines à la colonne de gauche. On procède de la même manière jusqu'à la dernière co-

lonne à gauche, au-dessous de laquelle on écrit la somme telle qu'on l'a trouvée.

EXEMPLE.

Additionnez les nombres décimaux suivants :

6,8 9,6 7,5 42,85 64,865
55,742 85,656

OPÉRATION.

6,8
9,6
7,5
42,85
64,865
55,742
85,656
———
273,013

Je commence cette opération par la dernière colonne à droite, et je dis : 5 et 2 font 7, et 6 font 13 ; dans 13 millièmes il y a une dizaine plus 3 unités de millièmes ; j'écris les 3 unités à la colonne des millièmes, et je reporte une dizaine de millièmes, qui vaut 1 centième, à la colonne des centièmes. Je continue en disant : 1 et 5 font 6, et 6 font 12, et 4 font 16, et 5 font 21 centièmes ; dans 21 centièmes, il y a 2 dizaines et une unité de centièmes ; j'écris 1 au-dessous de la colonne des centièmes, et je reporte les 2 dizaines de centièmes, qui valent 2 dixièmes, à la colonne des dixièmes. 2 dixièmes et 8 font 10 et 6 font 16, et 5 font 21, et 8 font 29, et 8 font 37, et 7 font 44, et 6 font 50 dixièmes ; en 50 dixièmes il y a exactement 5 unités ; j'écris 0 au-dessous des dixièmes, et je reporte 5 à la colonne des unités. Je poursuis l'addition, comme il a été expliqué à l'addition des nombres entiers, et je dis : 5 et 6 font 11, et 9 font 20, et 7 font 27, et 2 font 29, et 4 font 33, et 5 font 38, et 5 font 43; dans 43 unités il y a 4 dizaines, plus 3 unités; j'écris 3 au-dessous de la colonne des unités, et je reporte 4 à la colonne des dizaines : 4 et 4 font 8, et 6 font 14, et 5 font 19, et 8 font 27 dizaines que j'écris.

130. Additionnez les nombres décimaux suivants :

42,6   55,8   43,9   56,7   65,9
78,5   45,6

```
        42,6
        55,8
        43,9
        56,7
        65,9
        78,5
        45,6
       -----
Total, 389,0
```

131. Faites la somme des nombres suivants :

68,45   52,68   64,25   53,26
85,45   29,45   36,55

```
        68,45
        52,68
        64,25
        53,26
        85,45
        29,45
        36,55
       ------
Total, 390,09
```

132. Donnez le total des nombres suivants :

8,45   9,26   8,655   9,265
42,265   6,728   456,964   87,585

8,45
9,26
8,655
9,265
42,265
6,728
456,964
87,585

Total, 629,172

133. Additionnez les nombres suivants :

9,45 8,75 9,25 42,05
68,725 9,775 15,009

9,45
8,75
9,25
42,05
68,725
9,775
15,009

Total, 163,009

134. Faites la somme des nombres suivants :

8,4575 6,6585 9,0075 7,0095
25,0006

8,4575
6,0585
9,0075
7,0095
25,0006

Total, 55,5336

135. Additionnez les fractions décimales suivantes :

0,64 0,75 0,25 0,625
0,785 0,765 0,6 0,08

0,64
0,75
0,25
0,625
0,785
0,765
0,6
0,08

Total, 4,495

136. Donnez le total des fractions décimales suivantes :

0,7785 0,0006 0,9456 0,0075
0,84575 0,95645

0,7785
0,0006
0,9456
0,0075
0,84575
0,95645

Total, 3,53440

§ 3. Soustraction des nombres décimaux.

137. La soustraction des nombres décimaux se fait de la même manière que celle des nombres entiers. On écrit le plus petit nombre au-dessous du plus grand (41, 42, 43, 44, 45); on sépare les unités des décimales au moyen d'une virgule, et à droite de la virgule, on écrit les décimales de chacun des deux nombres (106, 107); on retranche chaque chiffre du nombre inférieur de chaque chiffre correspondant du nombre supérieur, et on sépare à la droite du reste autant de décimales qu'il s'en trouve dans celui des deux nombres qui en contient le plus.

138. Toutes les fois que les chiffres du nombre inférieur sont plus faibles que ceux du nombre supérieur, l'opération ne présente aucune difficulté, et nous ne nous occuperons pas de ces sortes d'opérations (1).

139. Lorsque dans le nombre inférieur il se trouve des chiffres plus forts que ceux qui correspondent dans le nombre supérieur, deux méthodes se présentent pour effectuer la soustraction : ou l'on emprunte sur les chiffres du nombre supérieur qui sont placés à gauche du chiffre sur lequel on opère, ou l'on augmente de dix unités le chiffre supérieur correspondant au chiffre inférieur qui se trouve plus fort. (43, 44, 45.)

Exemple :		
	De	64,500
	Otez	39,645
	Reste	24,855

Effectuons d'abord cette opération en empruntant. De 0 millièmes, ôtez 5 millièmes, cela ne se peut ; j'emprunte sur le 5 un dixième, qui vaut 9 centièmes plus 10 millièmes, et je dis : De 10 millièmes, ôtez-en 5, il en reste 5, que j'écris au-dessous de la colonne des millièmes. Comme le dixième que j'ai emprunté valait, en plus des dix-millièmes, 9 centièmes, ainsi qu'il vient d'être dit, j'attribue au zéro représentant les centièmes, la valeur de 9, et je dis : De 9 centièmes, ôtez-en 4, il en reste 5. Puis je continue l'opération en disant : De 4

(1) Nous en avons suffisamment parlé à la soustraction des nombres entiers.

dixièmes, en ôter 6, cela ne se peut; j'emprunte une unité qui vaut 10 dixièmes; 10 dixièmes et 4 font 14; de 14 dixièmes, ôtez-en 6, il en reste 8. De 3 unités, en ôter 9, cela ne se peut; j'emprunte une dizaine qui vaut 10 unités; 10 unités et 3 font 13; de 13, ôtez 9, reste 4. Enfin de 5 dizaines, ôtez-en 3, il en reste 2.

Nous avons dit qu'on effectuait aussi la soustraction en augmentant de 10 unités le chiffre supérieur correspondant au chiffre inférieur qui se trouve plus fort.

Par cette méthode il faut avoir soin (ainsi qu'il a été dit n° 45), après avoir augmenté de dix le chiffre supérieur, d'augmenter d'une unité le chiffre inférieur placé immédiatement à la gauche de celui sur lequel on opère.

Exemple :	De	5,465
	Otez	3,586
	Reste	1,879

D'après ce principe, je dis : De 15 millièmes, ôtez-en 6, il en reste 9. J'ai augmenté de 10 millièmes le nombre supérieur, j'augmente d'un centième le chiffre inférieur suivant, et je dis : De 16 centièmes, ôtez-en 9, il en reste 7. J'ai augmenté de 10 centièmes le chiffre supérieur, j'augmente d'un dixième le chiffre inférieur suivant, et je dis : De 14 dixièmes, ôtez-en 6, il en reste 8. Enfin, comme j'ai augmenté de 10 dixièmes le chiffre supérieur, j'augmente d'une unité le chiffre inférieur suivant, et je termine l'opération en disant : De 5 unités, ôtez-en 4, il en reste une.

Les deux nombres ayant été augmentés d'une même quantité, le reste est toujours le même.

140. *Exercices sur la soustraction des nombres décimaux.*

De 60,4 ôtez 25,6

Opération :

```
          60,4
          25,6
        ------
Reste     34,8
        ------
Preuve,   60,4
```

De 25,6 ôtez 16,65

```
          25,6
          16,65
        -------
Reste      8,95
        -------
Preuve,   25,60
```

De 45,25 ôtez 36,55

```
          43,25
          36,55
        -------
Reste      8,70
        -------
Preuve,   45,25
```

De 64,65 ôtez 2,578

```
          64,65
           2,578
        --------
Reste     62,072
        --------
Preuve,   64,65
```

De 25,645 ôtez 18,4565

```
          25,645
          18,4565
        ---------
Reste      7,1885
        ---------
Preuve,   25,6450
```

141. *Exercices sur la soustraction des fractions décimales.*

De 0,64 ôtez 0,56

OPÉRATION : 0,64
0,56

Reste 0,08

De 0,456 ôtez 0,285

0,456
0,285

Reste 0,171

De 0,6075 ôtez 5,5986

0,6075
0,5986

Reste 0,0089

De 0,04565 ôtez 0,03658

0,04565
0,03658

Reste 0,00907

§ 4. Multiplication des nombres décimaux.

142. La multiplication des nombres décimaux se fait comme celle des nombres entiers, mais on sépare à la droite du produit autant de décimales qu'il y en a dans le multiplicande et dans le multiplicateur.

EXEMPLES.

Multipliez 42,5 par 25,6, et donnez le produit.

42,5
25,6

2550
2125
850

1088,00

RÉPONSE : 1088 unités. Il a fallu retrancher 2 chiffres à la droite du produit, parce qu'il y avait deux décimales dans les facteurs.

Multipliez 5,25 par 6,55, et faites connaître le produit.

```
  5,25
  6,55
 -----
  2625
 2625
3150
-------
34,3875
```

Réponse : 34 unités 3875. Nous avons retranché quatre chiffres à droite du produit, parce qu'il y avait quatre décimales dans les deux facteurs.

Multipliez 64,45 par 28,56, et donnez le produit.

```
    64,45
    28,56
   ------
    38670
   32225
  51560
 12890
---------
1840,6920
```

Réponse : 1840 unités 6920 (dix-millièmes), ou 1840 unités, 6 dixièmes, 9 centièmes, 2 millièmes.

Multipliez 4,255 par 6,425.

```
    4,255
    6,425
   ------
    21275
    8510
  17020
 25530
---------
27,338375
```

Réponse : 27 unités, 338375 millionièmes. Il a fallu retrancher six chiffres sur la droite du produit, parce qu'il y avait six décimales dans les deux facteurs. Le même principe s'applique aux fractions décimales.

Exemples.

Multipliez 0,6 par 0,5, et faites connaître le produit.

```
 0,6
 0,5
----
0,30
```

Réponse : 0,30. — Nous avons retranché deux chiffres à la droite du produit, parce que les deux facteurs renfermaient deux décimales.

Multipliez 0,25 par 0, 35, et donnez le produit.

0,25 0,35 ——— 125 75 ——— 0,0875	RÉPONSE : 0,0875. — Nous avons retranché quatre chiffres à la droite du produit, parce que les deux facteurs renfermaient quatre décimales.

Multipliez 0,356 par 0,45.

0,356 0, 45 ——— 1780 1424 ——— 0,16020	RÉPONSE : 0,16020 (cent-millièmes). — Nous avons retranché cinq chiffres à la droite du produit, parce qu'il y avait cinq décimales dans les deux facteurs (1).

§ 5. Division des nombres décimaux.

143. La division des nombres décimaux donne lieu à trois observations différentes.

1° Le dividende contient plus de décimales que le diviseur;

2° Le dividende, au contraire, contient moins de décimales que le diviseur;

3° Le dividende et le diviseur ont le même nombre de décimales.

144. Lorsque le dividende contient plus de décimales que le diviseur, on exécute l'opération sans faire attention à la virgule, mais on sépare à la droite du quotient autant de chiffres qu'il y a de décimales de plus dans le dividende que dans le diviseur.

---

(1) Toutes les opérations que nous exécuterons sur les mesures métriques, serviront à multiplier les exemples relatifs aux opérations sur les nombres décimaux. Par conséquent nous pensons que les exemples que nous venons de citer sont suffisants.

Il résulte évidemment de ce principe que si le diviseur est un nombre entier, il faut séparer, à la droite du quotient, autant de chiffres qu'il y a de décimales dans le dividende.

EXEMPLES.

Divisez 64,2456 par 32,12.

OPÉRATION.

```
64,2456 | 32,12
000056  |------
        | 2,00
```

RÉPONSE, 2 unités. Il a fallu retrancher deux chiffres à la droite du quotient, parce que le dividende contenait deux décimales de plus que le diviseur.

Divisez 28,645 par 14,5.

```
28,645 | 14,5        ou  28645 | 145
       |------            1414 |------
                          1095 | 1,97
                           080
```

RÉPONSE, 1 unité 97 centièmes. Nous avons retranché deux décimales à la droite du quotient, le dividende en ayant deux de plus que le diviseur.

PREUVE DE L'OPÉRATION.

```
  14,5
   1,97
-------
   1015
  1305
 14580
-------
 28,645
```

Divisez 0,64586 par 0,32.

```
64586 | 32
0058  |------
  266 | 2,018
   10
```

RÉPONSE, 2 unités, 018 millièmes. Il a fallu retrancher trois chiffres sur la droite du quotient, attendu que dans le dividende il y avait trois décimales de plus que dans le diviseur.

Divisez 64,285 par 26 unités.

Ici, le diviseur est un nombre entier; le dividende renferme trois décimales; il y a *trois chiffres* à séparer au quotient.

```
64,285 | 26
122    |------
 188     2,472
  065
   13
```

Réponse, 2 unités 472.

Preuve de l'opération.

```
  2,472
     26
-------
  14832
  4944
     13
-------
 64,285
```

145. Lorsque le dividende contient moins de décimales que le diviseur, il faut ajouter autant de zéros qu'il est nécessaire pour que le nombre de décimales soit égal dans le dividende et dans le diviseur. On procède ensuite comme si l'on opérait sur deux nombres entiers. On ajoute à la suite du reste autant de zéros qu'on veut obtenir de décimales au quotient. Ainsi, d'après ces principes, si le dividende est un nombre entier, on ajoute à la droite autant de zéros qu'il y a de décimales dans le diviseur.

Exemples.

Divisez 64,5 par 7,45.

```
64,50  | 7,45
 4900  |------
  4300 | 8,65
   575 |------
          3725
         4470
        5960
           575
       --------
       64,5000
```

Réponse, 8 unités, 65 centièmes. Nous avons d'abord ajouté un zéro à la droite du dividende, parce qu'il renfermait une décimale de moins que le diviseur. Nous avons ensuite ajouté deux zéros à la suite du reste, afin d'obtenir deux décimales au quotient

Divisez 28,45 par 7,6455.

Il faut ajouter deux zéros à la droite du dividende, parce qu'il contient deux décimales de moins que le diviseur.

```
284500  | 76455
 551350 |-------
  161650|  3,72
    8740|-------
          152910
         535185
        229365
            8740
        ---------
        28,450000
```

Réponse, 3 unités 72 centièmes. Nous avons ajouté deux zéros à la suite du reste, afin d'obtenir deux décimales au quotient.

Divisez 4658 unités par 8,245.

Le dividende est un nombre entier, et le diviseur contient trois décimales; il faut ajouter trois zéros à la droite du dividende.

```
4658000  | 8245
 53550   |--------
  40800  | 564,948
   7820000
    39950
     69700
      3740
```

Réponse, 564 unités, 948. Nous avons ajouté trois zéros à la suite du reste, afin d'obtenir trois décimales au quotient.

Divisez 0,8 par 0,4565.

En suivant toujours les mêmes principes, nous ajouterons immédiatement trois zéros sur la droite du dividende, afin qu'il contienne autant de décimales que le diviseur.

```
8000   | 4565
34350  |------
 23950   1,75
  1125
```

Réponse, 1 unité 75 centièmes. Nous avons ajouté deux zéros à la suite du reste, afin d'obtenir deux décimales au quotient.

PREUVE.

```
  0,4565
    1,75
 --------
   22825
  31955
  4565
    1125
 --------
0,800000
```

146. Lorsque le dividende et le diviseur ont le même nombre de décimales, on opère comme sur deux nombres entiers. On ajoute à la suite du reste autant de zéros qu'on veut obtenir de décimales au quotient.

EXEMPLES.

Divisez 6486,55 par 224,25.

```
648655   | 22425
200155   |-------
 207550    28,925
  057250
   124000
    11875
```

Réponse, 28 unités, 925 millièmes. En général, il

n'est pas nécessaire d'obtenir au quotient plus de deux ou trois décimales.

Divisez 486,875 par 25,635.

```
486875    | 5
230525    |------
 254450     18,992
  237350
   066350
    15080
```

RÉPONSE, 18 unités, 992.

PREUVE.

```
      25,635
      18,992
   ----------
       51270
     230715
    230715
   205080
   25635
      15080
 ------------
 486,875000
```

Divisez 0,4856 par 0,6458.

```
48560   | 6458
 33540  |--------
  12500    0,751
   6042
```

RÉPONSE, 0,751.

Divisez 0,275 par 0,895.

```
2750    | 895
 06500  |--------
   235     0,307
```

RÉPONSE, 0,307

147. On voit que la preuve de la division des nombres décimaux se fait comme la preuve de la division des nombres entiers, en multipliant le quotient par le diviseur, et en ajoutant le reste; on doit alors retrouver le divi-

dende pour produit. Ainsi, pour faire cette preuve, il faut poser le diviseur tel qu'il est dans l'énoncé, c'est-à-dire accompagné de la virgule, le multiplier par le quotient aussi accompagné de la virgule, et retrancher les décimales qui se trouvent dans les deux facteurs.

148. *Exercices sur la division des nombres décimaux.*

Divisez :

(1)	86,456	par	24,6
(2)	754,28	—	19,5
(3)	645,4566	—	876
(4)	96,685	—	245
(5)	0,4658	—	0,94
(6)	0,5865	—	58
(7)	0,0009	—	0,9
(8)	0,0008	—	0,08
(9)	0,045	—	0,9
(10)	42,6	—	28,45
(11)	645,8	—	27,565
(12)	24,25	—	645,256
(13)	0,64	—	0,255
(14)	0,85	—	0,4545
(15)	456	—	28,585
(16)	95	—	45,26
(17)	42,655	—	25,242
(18)	56,45	—	28,09
(19)	452,435	—	75,945
(20)	0.856	—	0,423
(21)	0,755	—	0,875
(22)	0,0095	—	0,4565

149. *Opérations exécutées.*

(1)

```
86456 | 246
1265  |------
 0356   3,51
  110
```

Preuve.

```
  24,6
   3,51
 ------
   246
 1230
 738
   110
 ------
 86,456
```

(2)

```
75428 | 195
1692  |------
 1328  38,6
  158
```

Preuve.

```
   19,5
   38,6
 ------
  1170
 1560
 585
   158
 ------
 754,28
```

(3)

```
6454566 | 876
 3225   |--------
  5976    0,7368
   7206   ------
    198     7008
           5256
          2628
         6132
             198
        ---------
        645,4566
```

(4)

```
96685 | 245
2318  |------
 1135   0,394
  155   ------
          980
        2205
        735
          155
        ------
        96,685
```

```
                                   PREUVE.
(5)      4658 | 94                   0,94
          898 |------                0,49
           52   0,49               ------
                                      846
                                     376
                                      52
                                   -------
                                   0,4658

(6)          5865 | 58
             0065 |------
               07    0,0101
                         58
                    --------
                        808
                       505
                          7
                    --------
                     0,5865

(7)        0,0009 | 0,9
                0 |--------
                     0,001
                   --------
                     0,0009

(8)        0,0008 | 0,08
                0 |--------
                     0,01
                   --------
                     0,0008

(9)          0,045 | 0,9
                 0 |-------
                     0,05
                   -------
                     0,045
```

On voit qu'il faut exécuter toutes ces divisions sans faire attention à la virgule, mais qu'il faut séparer à la droite du quotient autant de décimales qu'il est nécessaire, d'après les principes ci-dessus développés (nº 144).

```
(10) 42,6     | 28,45    PREUVE.  28,45
              |-------             1,497
ou 4260       | 2845             -------
   14150      |------              19915
    27700       1,497             25605
     20950                       11380
      1035                       2845
                                    1035
                                -----------
                                42,60000
```

Pour cette opération et pour les six qui suivent, voir le nº 145.

	PREUVE.
(11) 645,8 | 27,565	27,565
ou 645800 | 27565	23,428
094500 | 23,428	220520
118050	55130
077900	110260
227700	82695
07180	55130
	7180
	645,800000

	PREUVE.
(12) 24,25 | 645,256	645,256
ou 24250000 | 645256	0,037
4892320 | 0,037	4516792
375528	1935768
	375528
	24,250000

	PREUVE.
(13) 0,64 | 0,255	0,255
ou 640 | 255	2,5
1300 | 2,5	1275
25	510
	25
	0,6400

	PREUVE.
(14) 0,85 | 0,4545	0,4545
ou 8500 | 4545	1,87
39550 | 1,87	31815
31900	36360
0085	4545
	85
	0,850000

```
(15)          456      | 28,585
                       |--------
          ou 456000    | 28,585
             170150    |--------
              272250     15,95   (*)
               149850
                06925

(16)            95     | 45,26
                       |--------
           ou 9500     | 4526
              044800   |--------
               40660     2,0989
                44520
                 3786

(17)        42,655     | 25,242
                       |--------
   (**)    ou 42655    | 25242
              174130   |--------
               226780    1,689
                248440
                 21262

(18)         56,45     | 28,09
                       |--------
           ou 5645     | 2809
              0027000  |--------
                 1719    2,009

(19)       452,435     | 75,945
                       |--------
          ou 452435    | 75945
              727100   |--------
               435950    5,957
                562250
                 30635
```

(*) Nous ne continuerons pas de donner la preuve.

(**) Pour cette opération et pour les cinq qui suivent, se reporter au n° 146.

(20)

```
       0,856 | 0,423
             |------
    ou 856   | 423
     010000  |------
       1540    2,023
        271
```

(21)

```
      0,755 | 0,875
            |------
  ou  7550  | 875
      5500  |------
       2500   0,862
        750
```

(22)

```
      0,0705 | 0,4565
             |-------
  ou   9500  | 4565
      03700  |-------
               0,020
```

150. Tous les principes que nous venons de donner sur la division des nombres décimaux, peuvent se ramener à une seule règle générale, la voici :

Pour diviser l'un par l'autre deux nombres décimaux, on fait en sorte qu'ils aient le même nombre de décimales ; on supprime ensuite la virgule dans ces deux nombres, et on opère comme s'ils étaient entiers. Cette règle offre l'avantage d'être plus générale, plus courte, et conséquemment plus facile à être apprise par cœur ; mais elle présente en même temps l'inconvénient de rendre l'opération beaucoup plus difficile toutes les fois que le dividende contient plus de décimales que le diviseur. Nous en citerons seulement un exemple.

Soit à diviser 9,645456 par 8. D'après la règle du n° 144, on exécutera l'opération de la manière suivante :

```
9,645456 | 8
16       |---------
 045     | 1,205682
   54    |        8
    65   |---------
    16   | 9,645456
     0
```

Comme il n'y a qu'un seul chiffre au diviseur, l'opération est très- facile à exécuter.

Maintenant, en suivant la règle générale du nº 150, l'opération que nous venons de citer s'exécutera ainsi qu'il suit :

```
9,645456  | 8000000
16454560  |---------
 04545600 | 1,205682
  54560000
   65600000
    16000000
     0000000
```

On voit qu'il est beaucoup plus long et plus difficile d'exécuter l'opération d'après ce principe, attendu que le diviseur se compose de huit chiffres, au lieu d'un seul que nous avions auparavant. Ainsi, nous sommes d'avis qu'il vaut mieux suivre les principes indiqués au nº 144.

CHAPITRE IV.

SYSTÈME MÉTRIQUE.

151. Le système métrique est ainsi appelé parce que toutes ses unités dérivent du mètre.

152. *Division.* Les unités principales du

système métrique sont au nombre de six, savoir :

Le *mètre,* mesure ou unité de longueur ;
L'*are,* mesure ou unité de superficie ;
Le *stère,* mesure ou unité de volume ;
Le *litre,* mesure ou unité de capacité ;
Le *gramme,* mesure ou unité de poids ;
Le *franc,* mesure ou unité de monnaie.

153. Chacune de ces unités a ses multiples et ses sous-multiples, à l'exception du franc, qui n'a que deux sous-multiples.

154. On nomme *multiple* une quantité qui en contient une autre plusieurs fois exactement. Par exemple 20 est multiple de 2, parce que le nombre 20 contient 2 dix fois exactement; 15 est multiple de 5, parce que le nombre 15 contient 5 trois fois exactement.

155. On nomme *sous-multiple* une quantité qui est contenue dans une autre plusieurs fois exactement. Par exemple 2 est sous-multiple de 20, parce que 2 est contenu dans 20 dix fois exactement; 5 est sous-multiple de 15, parce que 5 est contenu dans 15 trois fois exactement.

Nous commencerons par donner les définitions relatives au franc et à ses sous-multiples ou subdivisions, parce qu'il nous paraît indispensable de connaître ces définitions avant d'exécuter la plupart des opérations qui se rattachent aux autres mesures.

§ 1er. Mesures de monnaie.

156. Le franc est la mesure ou unité de monnaie (1).

157. Le décime est la dixième partie du franc.

158. Le centime est la centième partie du franc, et la dixième partie du décime.

159. Le franc pèse cinq grammes, dont 9 dixièmes d'argent pur et un dixième de cuivre.

160. La pièce de 5 francs pèse 25 grammes; la pièce de 2 francs pèse 10 grammes; celle d'un franc pèse 5 gr.; celle de 50 centimes pèse 2 gr., 5 décigr.; celle de 20 cent. pèse 1 gramme.

La pièce de 20 fr., en or. pèse 6 grammes 45161; celle de 40 francs et celle de 10 francs ont un poids proportionnel à celui de la pièce de 20 francs. Les pièces de 10 centimes, de 5 centimes pèsent 20 fois plus que la monnaie d'argent. Ainsi, une somme de 5 francs de ces sortes de pièces pèse autant que 100 francs en argent.

Exercices sur les mesures monétaires.

161. Ecrivez en chiffres :

1° Cent vingt-cinq francs trente-cinq centimes; 2° dix-sept francs, vingt-huit centimes; 3° quarante-deux francs, douze centimes; 4° cinquante-huit francs, quarante-deux centimes; 5° trois cent vingt-sept francs, douze centimes; 6° trois francs, vingt-huit centimes.

---

(1) La monnaie sert à estimer les valeurs.

Opération.

125,35
17,28
42,12
58,42
327,12
3,28
———
573,57

162. Ecrivez et additionnez les nombres suivants : 1° 4542,02; 2° 564,06; 3° 35,08; 4° 42,05; 5° 35,09.

4542,02
564,06
35,08
42,05
35,09
———
5218,30

163. Ecrivez et additionnez les nombres suivants : 1° 42,6; 2° 34,5; 3° 28,6; 4° 55,9; 5° 465,4; 6° 5647,8.

42,6
34,5
28,6
55,9
465,4
5647,8
———
6274,8

164. Ecrivez et additionnez les nombres suivants : 1° 2,6; 2° 4,8; 3° 5,4; 4° 6,45; 5° 8,75; 6° 9,48.

2,6
4,8
5,4
6,45
8,75
9,48
———
37,48

165. Ecrivez et additionnez les nombres suivants : 1o 64,6; 2o 25,8; 3o 36,4; 4o 25,40; 5o 64,25; 6o 28,06; 7o 32,525; 8o 44,007.

64,6
25,8
36,4
25,40
64,25
28,06
32,525
44,007

321,042

166. Combien y a-t-il de francs dans chacun des nombres suivants :

12 décimes; 43 décimes; 28 décimes; 39 décimes; 45 décimes; 25 décimes?

Francs.	Décimes.
1,	2
4,	3
2,	8
3,	9
4,	5
2,	5

167. Combien y a-t-il de francs dans chacun des nombres suivants :

4789 centimes; 100 centimes; 2728 centimes; 4645 centimes?

Francs.	Décimes.	Centimes.
47,	8	9
1,	»	»
27,	2	8
46,	4	5

168. Combien y a-t-il de francs dans chacun des nombres suivants : 2325 centimes; 6456 centimes; 6475 centimes; 2845 centimes?

Francs.	Décimes.	Centimes.
23,	2	5
64,	5	6
64,	7	5
28,	4	5

169. Combien y a-t-il de décimes dans chacun des nombres suivants : 286 fr.; 4642 fr.; 728 fr.; 6545 francs?

2860 décimes.
46420 —
7280 —
65450 —

170. Combien y a-t-il de décimes dans chacun des nombres suivants : 48 francs; 25 francs; 642 francs; 6458 francs?

480 décimes.
250 —
6420 —
64580 —

171. Combien y a-t-il de centimes dans chacun des nombres suivants : 42 fr.; 36 fr.: 29 fr.; 54 fr.; 65 fr.; 78 fr.; 87 fr.?

Francs.	Centimes.
42	00
36	00
29	00
54	00
65	00
78	00
87	00

172. Combien y a-t-il de centimes dans chacun des nombres suivants : 4 décimes; 25 décimes; 34 décimes; 42 décimes?

40 centimes.
250 —
340 —
420 —

173. Une personne a reçu : 1o 4785 fr. 25; 2o 648 fr. 75; 3o 5462 fr. 46; 4o 5464 fr. 25; dites le total de sa recette.

4785,25	
648,75	
5462,46	Réponse : 16360 francs
5464,25	71 centimes.
16360,71	

174. Une autre personne a reçu : 1o 54 fr. 45; 2o 68,75; 3o 425,42; 4o 9468,5; 5o 465,9; combien a-t-elle reçu en totalité?

54,45	
68,75	
425,42	Réponse : elle a reçu
9468,5	10483 fr. 02 cent.
465,9	
10483,02	

175. Un homme a acheté trois objets différents : il a payé le premier objet 45 fr. 25; le deuxième 296,65; le troisième 4642,8; combien doit-il en totalité?

45,25	
296,65	
4642,8	Réponse : 4984 fr. 70 c.
4984,70	

176. Trois pièces de terre ont été payées comme il suit : la première 9465 fr. 48 c.; la deuxième 6845,75; la troisième 9456,55; combien l'acheteur a-t-il déboursé?

9465,48	
6845,75	Réponse : 25767 francs
9456,55	78 centimes.
25767,78	

177. Une personne devait 35645 fr. 55, et elle a payé 28785 fr. 65; combien doit-elle encore?

35645,55
28785,65
6859,90

RÉPONSE : 6859,90.

178. Une autre personne devait 65438 fr. 25, et elle a payé 24689,75 ; combien doit-elle encore?

65438,25
24689,75
40748,50

RÉPONSE : 40748,50

179. Quelqu'un devait 66400 fr. 50 c., et a déjà payé 29875 fr. 95 c.; combien doit-il encore?

66400,50
29875,95
36524,55

RÉPONSE : 36524 fr. 55.

180. Un propriétaire qui devait 64565 fr., doit encore 22550 fr. 45 c.; combien a-t-il déjà payé?

64565,00
22550,45
42014,55

RÉPONSE : 42014 francs 55 centimes.

181. Le montant d'un mémoire est de 54800 fr.; on a donné à-compte 42785 fr. 85 c.; combien doit-on encore?

54800,00
42785,85
12014,15

RÉPONSE : 12014 francs 15 centimes.

182. Une marchandise avait coûté 9680 fr.; elle a été revendue 8795 fr. 75 c.; combien a-t-on perdu dessus?

```
 9680,00
 8795,75
 -------
  884,25
```

Réponse : 884 fr. 25 c.

183. On a acheté 48 pièces de vin, de 150 litres chacune, à raison de 0,75 c. le litre; que doit-on débourser?

Les 48 pièces contiennent 48 fois 150 litres = 7200 litres. Or 7200 litres à 0,75 c. le litre coûteront 7200 fois 0,75 c. = 5400 fr.

```
   48              7200
  150              0,75
 ----             -----
 2400             36000
 48              50400
 ----            -------
 7200 litres.    5400,00
```

Réponse : 5400 francs.

184. Combien coûteront 42 pièces de drap de 25 mètres chacune, le prix du mètre étant 28 francs 65 centimes?

Les 42 pièces font 42 fois 25 m. = 1050 m.

```
   42
   25
  ---
  210
  84
 1050 mètres.
```

1050 mètres coûteront 1050 fois 28 fr. 65 c. = 30082 fr. 50 c.

```
   28,65
    1050
 --------
  143250
 28650
 --------
 30082,50
```

Réponse : 30082 francs 50 centimes.

185. Combien coûteront 56 pièces de drap de 35 mètres chacune, le prix du mètre étant 24 francs 50 centimes?

56 pièces contiennent 56 fois 35 m. = 1960 m.

```
 35
 56
----
 210
175
----
1960
```

Or 1960 mètres coûteront 1960 fois 24 fr. 65 c. = 48020 francs.

```
  24,50
  1960
-------
 147000
22050
2450
--------
48020,00
```

186. 256 ouvriers ont travaillé pendant 28 jours; ils ont gagné par jour chacun 2 fr. 45 c.; que doit-on à chacun d'eux, à tous ensemble?

Un ouvrier en 28 jours a gagné 28 fois 2 fr. 45 c. = 1re réponse, 68 fr. 60 c.

```
 2,45
   28
-----
 1960
 490
-----
68,60
```

Par conséquent 256 ouvriers, pendant le même temps, ont gagné 256 fois 68 fr. 60 c. = 2e réponse, 17561 fr. 60 c.

```
  68,60
    256
--------
  41160
 34300
13720
--------
17561,60
```

187. 248 ouvriers ont travaillé pendant 19 jours; ils ont gagné par jour chacun 2 fr. 25 c.; que doit-on à chacun d'eux, à tous ensemble?

Un ouvrier, en 19 jours, a gagné 19 fois 2 fr. 25 c. = 1re réponse, 42 fr. 75 c.

```
 2,25
   19
-----
 2025
 225
-----
42,75
```

Par conséquent 248 ouvriers ont gagné 248 fois 42 fr. 75c. = 2e réponse, 10602 fr.

```
   42,75
     248
  ------
   34200
  17100
  8550
--------
10602,00
```

188. Partagez 86450 fr. 65 c. entre 59 personnes, et dites la part de chacune.

```
86450,65 | 59
274        ---------
385         1465,26
 310             59
  156       ---------
   385      1318734
    31      732630
                 31
            ---------
            86450,65
```

RÉPONSE : 1465 francs 26 centimes.

189. Partagez 9645 fr. 58 c. entre 88 personnes, et dites ce que chacune devra recevoir.

```
964558 | 88
0845     ---------
  535      109,60
   78          88
           --------
            87680
           87680
               78
           --------
           9645,58
```

RÉPONSE : 109 francs 60 centimes.

190. Partagez 17645 fr. 65 c. entre 345 personnes, et dites la part de chacune.

```
1764565 | 345
 0395     --------
  0506      51,14
   1615
    235     RÉPONSE : 51 fr. 14 c.
```

191. Si l'on paie 94658 fr. 48 c. à 897 ouvriers, combien recevra chacun d'eux?

```
9465848 | 897
04958   |------
  4734  | 105,52
   2498
    704
```

Réponse : 105 fr. 52 c.

192. Si l'on paie 4864 fr. 75 c. à 845 ouvriers, quelle somme recevra chacun d'eux?

```
486475 | 845
 6397  |-----
  4825 | 5,75
   600
```

Réponse : 5 fr. 75 c.

§ 2. Mesures de longueur.

193. Le *mètre* est la mesure de longueur, ou l'unité linéaire; il est égal à la dix-millionième partie de la distance du pôle à l'équateur.

194. Pour exprimer les multiples des différentes unités du système métrique, on emploie quatre mots, qui sont :

Déca,	qui veut dire	10
Hecto,	—	100
Kilo,	—	1000
Myria,	—	10000

Ainsi :

Un décamètre	vaut	10	mètres,
Un hectomètre	—	100	—
Un kilomètre	—	1000	—
Un myriamètre	—	10000	—

195. Pour exprimer les sous-multiples, on se sert des trois mots *déci, centi, milli,* qui signifient : dixième, centième, millième.

Ainsi :

Un décimètre est la dixième partie du mètre.
Un centimètre — la centième partie du mètre.
Un millimètre — la millième partie du mètre.

196. Enoncez d'abord et écrivez ensuite de toutes les manières possibles les nombres suivants :

1. 87656 mètres, 45 centimètres.
2. 94587678 millimètres.
3. 4567869 centimètres, 4 millimètres.
4. 576456 décimètres, 56 millimètres.
5. 9876 décimètres, 476 centimètres.
6. 845 hectomètres, 6545 centimètres.
7. 54 kilomètres, 64 décamètres.
8. 85 kilomètres, 585 mètres.
9. 7 myriamètres, 49 hectomètres.
10. 5 myriamètres, 645 décamètres.

Réponses.

1. 87656 mètres, 45 centimètres = 8765645 centimètres; = 876564 décimètres, 5 centimètres = 8765 décamètres, 645 centimètres, ou 8765 décamètres, 645 millièmes; = 876 hectomètres, 5645 centimètres, ou 876 hectomètres, 5645 dix-millièmes; = 87 kilomètres, 65645 cent-millièmes; = 8 myriamètres, 765645 centimètres, ou 8 myriamètres, 765465 millioniémes; = 8 myriam., 7 kilom., 3 hectom., 5 décam., 6 mètres, 4 décim., 5 centim.

2. 94587678 millimètres peuvent s'énoncer 9 myriamètres, 4 kilom., 5 hectom., 8 décam., 7 mètres, 6 décim., 7 centim., 8 millim.; = 9458767 centim., 8 millimètres; = 945876 décimètres, 78 millimètres, ou 945876 décimètres, 78 centièmes; = 94587 mètres, 678 millimètres; = 9458 décamètres, 7678 dix-millièmes; = 945 hectom., 87678 cent-mil-

lièmes; = 94 kilom., 587678 millionièmes; = 9 myriam., 4587678 dix-millionièmes.

3. 4567869 centimètres, 4 millimètres, = 4 myriam., 5 kilom., 6 hectom., 7 décam., 8 mètres, 6 décim., 9 centim., 4 millimètres; = 456786 décimètres, 94 millimètres, ou 456786 décimètres, 94 centièmes; = 45678 mètres, 694 millimètres; = 4567 décamètres, 8694 dix-millièmes; = 456 hectom., 78694 cent-millièmes; = 45 kilom., 678694 millionièmes; = 4 myriam., 5678694 dix-millionièmes.

4. 576456 décimètres, 56 millimètres peuvent s'énoncer et s'écrire : 5 myriam., 7 kilom., 6 hectom., 4 décam., 5 mètres, 6 décim., 5 centim. et 6 millimètres; = 5764565 centimètres, 6 millimètres; = 576456 décimètres, 56 centièmes; = 57645 mètres, 656 millimètres; = 5764 décamètres, 5656 dix-millièmes; = 576 hectom., 45656 cent-millièmes; = 57 kilom., 645656 millionièmes; = 5 myriam., 7645656 dix-millionièmes.

5. 9876 décamètres, 476 centimètres peuvent s'énoncer et s'écrire : 9876476 centimètres; = 987647 décimètres, 6 dixièmes; = 9876 décamètres, 476 millièmes; = 987 hectom., 6476 dix-millièmes; = 98 kilom., 76476 cent-millièmes; = 9 myriam., 876476 millionièmes; = 9 myriam., 8 kilom., 7 hectom., 6 décam., 4 mètres, 7 décim., 6 centimètres.

6. 845 hectomètres, 6545 centimètres peuvent s'écrire : 8456545 centimètres; = 845654

décimètres, 5 dixièmes; = 84565 mètres, 45 centimètres; = 8456 décam., 545 millièmes; = 845 hectom., 6545 dix-millièmes; = 84 kilom., 56545 cent-millièmes; = 8 myriam., 456545 millionièmes.

7. 54 kilomètres, 64 décamètres; = 54 kilom., 64 centièmes; = 5464 décamètres; = 546 hectom., 4 dixièmes; = 5 myriam., 464 millièmes; = 5 myriam., 4 kilom., 6 hectom., 4 décam.

8. 85 kilomètres, 585 mètres peuvent être écrits : 8 myriam., 5 kilom., 5 hectom., 8 décam., 5 mètres; = 85 kilom., 585 millièmes; = 8558 décamètres, 5 mètres, ou 8558 décamètres, 5 dixièmes; = 855 hectomètres, 85 mètres, ou 855 hectom., 85 centièmes; = 8 myriam., 5585 dix-millièmes.

9. 7 myriam., 49 hectom.; = 7 myriam., 4 kilom., 9 hectom.; = 7 myriam., 49 centièmes; = 74 kilom., 9 dixièmes; = 749 hectomètres.

10. 5 myriam., 645 décamètres; = 5 myriam., 6 kilom., 4 hectom., 5 décam.; = 5 myriamètres, 645 millièmes; = 56 kilom., 45 centièmes; = 564 hectom., 5 dixièmes.

197. Combien faut-il de décamètres pour faire un hectomètre? Réponse, 10, parce que les hectomètres sont un rang sur la gauche. (No 122.)

198. Combien faut-il d'hectomètres pour faire un kilomètre? Réponse, 10, parce que les kilomètres sont un rang sur la gauche des hectomètres.

199. Combien faut-il de kilomètres pour

faire un myriamètre? RÉPONSE, 10, puisque les myriamètres sont un rang sur la gauche des kilomètres. (No 122.)

200. Combien y a-t-il de décimètres dans un décamètre? **RÉPONSE**, **100**, puisque les décimètres sont deux rangs sur la droite des décamètres.

201. Combien y a-t-il de décamètres dans un kilomètre? **RÉPONSE**, **100**, parce que les décamètres sont deux rangs sur la droite des kilomètres.

202. Combien y a-t-il d'hectomètres dans un myriamètre? **RÉPONSE**, **100**, puisque les hectom. sont deux rangs sur la droite. (No 122.)

203. Combien y a-t-il de centimètres dans un décamètre? **RÉPONSE**, **1000**, puisque les décam. sont trois rangs sur la gauche. (No 122.)

204. Combien y a-t-il de décimètres dans un hectomètre? **RÉPONSE**, **1000**, parce que les hectomètres sont trois rangs sur la gauche.

205. Combien y a-t-il de décamètres dans un myriamètre? **RÉPONSE**, **1000**, parce que les myriamètres sont trois rangs sur la gauche.

206. Une personne a acheté trois pièces d'étoffes qui ont les longueurs suivantes : la 1re, 42 m. 75 cent.; la 2e, 25 m. 3 décim.; la 3e, 45 m. 55 c.; combien en a-t-elle acheté en totalité?

```
 42,75
 25,30
 45,55
------
113,60
```

RÉPONSE : 113 mètres, 60 centimètres.

207. Une autre personne a vendu les quantités de drap ci-après désignées: 1o, 28 mètres,

4 décim.; 2o, 35 mètres, 45 c.; 3o, 59 mètres, 9 décimètres; combien en a-t-elle vendu en totalité?

28,40
35,45
59,90
———
123,75

Réponse : 123 mètres, 75 centimètres.

208. Quel est le total des nombres suivants : 38 mètres, 2 déc.; 54 m., 275 millim.; 35 m., 756; 4 m., 325?

38,2
54,275
35,756
4,325
———
132,556

Réponse : 132 mètres, 556 millimètres.

209. On demande la somme des nombres suivants : 4 m. 75 c.; 6 m. 2 d.; 34 m. 545 m.; 45 m. 675 m.

4,75
6,2
34,545
45,675
———
91,170

Réponse : 91 mètres, 170 millimètres, ou 91 m., 17 centimètres.

210. Quel est le total des nombres suivants : 6 myriam. 575; 4 kilom. 56; 8 hect. 45; 7 décam. 5; 6 décam. 48; 7 m. 25; 6 décim. 4; 42 décim. 25?

Myria.	Kilom.	Hecto.	Décam	Mètre.	Décim.	Centi.	Millim.
6	5	7	5				
	4	5	6				
		8	4	5			
			7	5			
			6	4	8		
				7	2	5	
				4	6	4	
					2	2	5
7	1	3	0	6	9	1	5

RÉPONSE : 7 myriamètres, [illegible] 6 mètres, 9 décim., 2 cent., 3 [illegible] 915 millimètres (1).

211. On demande la [illegible] suivants : 6 myriam. 45; 8 [illegible] tom. 54; 95 décam. 32; 95 [illegible] cimètres 45.

Myria.	Kilom.	Hect.	Déc.	[illegible]	[illegible]
6	4	5			
	8	2	7		
		6	8	4	
		9	5	3	
			9	5	
7	4	4	7	3	[illegible]

RÉPONSE : 7 myriamètres, 4 [illegible] mètres, 7 décamètres, 3 mètres, 3 [illegible] timètre, 5 millimètres, ou 74473 mètres [illegible]

212. Quel est le total des [illegible] vants : 6 mètres 456; 45 décam. 2; 36 [illegible] 5; 5 kilom. 4725; 8 myriam. 6475?

6 mètres	456
452,	
3650,	
5472,	5
86475,	5
96056,	456

RÉPONSE : 96056 mètres 456 millimètres.

213. Une propriété a 6456 mètres [illegible] tour, et une autre 5987 mètres 98 c. [illegible] combien la première en a de plus que [illegible] seconde.

(1) On exigera, s'il est nécessaire, que les [illegible] indiquent la réponse de la manière que [illegible] expliqué celles du numéro 196.

Réponse : 468 mètres 57.

... est la différence entre 578 ki-
... kilom. 65 ?

Réponse : 79 kilom. 595.

... la hauteur d'un édifice qui
... chacune a 0 m. 875 ?

Réponse : 849 mètres 375.

... a travaillé pendant 245
... fabriqué de mètres de
... et a fait 4 m. 95 c. par

... ouvrier fera 245 fois 4 m.

... même temps, en fabri-
... mètres 75 c.

Réponse : 7 myriamètres, 1 kilomètre, 3 hectomètres, 6 mètres, 9 décim., 1 cent., 5 millim., ou 71306 mètres, 915 millimètres (1).

211. On demande la somme des nombres suivants : 6 myriam. 45; 8 kilom. 27; 6 hectom. 54; 95 décam. 32; 95 mètres 27; 8 décimètres 45.

Myria.	Kilom.	Hect.	Déc.	Mètres	Décim.	Cent.	Millim.
6	4	5					
	8	2	7				
		6	5	4			
		9	5	3	2		
			9	5	2	7	
					8	4	5
7	4	4	7	3	3	1	5

Réponse : 7 myriamètres, 4 kilomètres, 4 hectomètres, 7 décamètres, 3 mètres, 3 décimètres, 1 centimètre, 5 millimètres, ou 74473 mètres, 315 millim.

212. Quel est le total des nombres suivants : 6 mètres 456; 45 décam. 2; 36 hect. 5; 5 kilom. 4725; 8 myriam. 64755?

6 mètres	456
452,	
3650,	
5472,	5
86475,	5
96056,	456

Réponse : 96056 mètres 456 millimètres.

213. Une propriété a 6456 mètres 55 c. de tour, et une autre 5987 mètres 98 c.; dire combien la première en a de plus que la seconde.

---

(1) On exigera, s'il est nécessaire, que les élèves indiquent la réponse de la manière que nous avons expliqué celles du numéro 196.

```
 6456,55
 5987,98
 -------
  468,57
```

Réponse : 468 mètres 57.

214. Quelle est la différence entre 578 kilom. 275 et 498 kilom. 68?

```
 578,275
 498,680
 -------
  79,595
```

Réponse : 79 kilom. 595.

215. Quelle est la hauteur d'un édifice qui a 365 marches, si chacune a 0 m. 875?

```
     365
   0,875
 -------
    1825
   2555
  2920
 -------
 319,375
```

Réponse : 319 mètres 375.

216. 465 ouvriers ont travaillé pendant 245 jours ; combien ont-ils fabriqué de mètres de drap, si chaque ouvrier en a fait 1 m. 95 c. par jour ?

En 245 jours un ouvrier fera 245 fois 1 m. 95 c. = 477 mètres 75 c.

```
   1,95
   2,45
 ------
    975
   780
  390
 ------
 477,75
```

Or, 465 ouvriers, pendant le même temps, en fabriqueront 465 fois plus = 222153 mètres 75 c.

```
    477,75
      4,65
 ---------
    238875
   286650
  191100
 ---------
 222153,75
```

217. Une personne qui a voyagé pendant 29 jours, a parcouru 45 kilom. 6 par jour; quelle distance a-t-elle parcourue?

```
 45,6
   29
 ----
 4104
 912
 ----
1322,4
```

Réponse : 1322 kilom. 4.

218. 864 ouvriers ont travaillé pendant 86 jours; combien ont-ils fabriqué de mètres de toile, si chaque ouvrier en a fait 2 m. 75 c. par jour?

En 86 jours, un ouvrier fera 86 fois 2 m. 75 c. = 236 mètres 50; or, 864 ouvriers, durant le même temps, en fabriqueront 864 fois plus = 204336 mètres.

```
  2,75            236,50
    86               864
  ----         ---------
  1650             94600
 2200             141900
 ------          189200
 236,50        ---------
               204336,00
```

219. Lorsque le mètre coûte 48 fr. 56 c., combien coûte chacune des unités suivantes : 1o un décimètre; 2o un centimètre; 3o un millimètre?

Réponse : Le décimètre coûte 4 fr. 856, le centimètre 0 fr. 4856, et le millimètre 0,04856.

220. Si le décimètre coûte 3 fr. 85 c., combien coûtera chacune des unités suivantes : 1o un mètre; 2o un centimètre; 3o un millimètre?

Réponse : Le mètre coûtera 38 fr. 50 c., le centim. 0,385, et le millim. 0,0385.

221. Lorsque le centimètre coûte 0 fr. 42 c.,

combien coûte chacune des unités suivantes : 1o un mètre; 2o un décimètre; 3o un millimètre?

Réponse : Le mètre coûte 42 fr., le décimètre 4 fr. 20 c., et le millimètre 0,042.

222. 25 mètres 50 centimètres de drap ont coûté 267 fr. 75 c., combien coûteront 14 m. 25 c. de cette marchandise?

2550 centimètres coûtent 26775 c.;

1 cent.................... $\frac{26775}{2550} = 0,105$;

1425 cent. = 105 × 1425 = Réponse : 149 fr. 625.

223. 32 mètres 25 centimètres de marchandise ont coûté 370 fr. 875; combien coûteront 15 mètres 75 c. de la même marchandise?

En divisant 370,875 par 32,25, on trouvera le prix d'un mètre.

```
370,875 | 32,25
04837   |------
 16125  | 11,5
  0000
```

Or, un mètre coûte 11 fr. 5, par conséquent 15 mèt. 75 c. coûteront 11,5 × 15,75 = Réponse : 181 fr. 125.

Ce problème pouvait se résoudre comme le précédent.

§ 3. Mesures de superficie.

224. La mesure ou unité de superficie est le mètre carré, c'est-à-dire le carré qui a un mètre de longueur sur chacun des quatre côtés.

225. Pour mesurer les terrains, on prend pour unité de superficie le décamètre carré, c'est-à-dire le carré qui a un décamètre sur chacun des quatre côtés. Cette unité superficielle se nomme are. Elle contient 100 mètres carrés.

Ainsi, le centiare ou la centième partie de l'are, équivaut à un mètre carré.

226. L'hectare vaut 100 ares. Il est égal à un carré d'un hectomètre sur chaque côté, ou à 10000 mètres carrés.

227. Ecrivez les nombres suivants : 28 hectares, 30 ares, 15 centiares; 22 hectares, 7 ares, 6 centiares; 3 hectares, 29 ares, 25 centiares; 9 hectares, 5 ares, 8 centiares.

28 h.	30 a.	15 c.
22,	07,	06
3,	29,	25
9,	05,	08

228. Combien y a-t-il d'hectares dans chacun des nombres suivants : 4624 ares; 5728 ares 25 c.; 6745 ares 27 c.; 976 ares 37 c.?

46 hect. 24 ares
57 — 28 — 25 c.
67 — 45 — 27 c.
9 — 76 — 37 c.

229. Combien y a-t-il d'ares dans chacun des nombres suivants : 67 hectares; 29 hectares; 37 hectares; 42 hectares?

Puisqu'un hectare vaut cent ares, on obtiendra les réponses demandées en multipliant chaque nombre par 100.

6700 ares
2900 —
3700 —
4200 —

230. Combien y a-t-il de centiares dans chacun des nombres suivants : 42 hectares; 28 hectares 75 ares; 37 hectares 25 ares; 56 hectares 2928 ares?

420000 centiares
287500 —
372500 —
560000 —
292800 —

231. Donnez le total des nombres suivants : 28 hectares, 27 ares, 06 centiares ; 32 hectares, 25 ares, 17 centiares ; 66 hectares, 08 ares, 05 centiares ?

28 hect. 27 ares 06 c.
32 — 25 — 17 c.
66 — 08 — 05 c.

126 hect. 60 ares 28 c.

Réponse : 126 hectares, 60 ares, 28 centiares.

232. Donnez la différence qui existe entre les nombres suivants : 46 hectares ; 29 hectares, 08 ares, 06 centiares.

46 hect. 00 ares 00 c.
29 — 08 — 06 c.

16 hect. 91 ares 94 c.

Réponse : 16 hectares, 91 ares, 94 centiares.

233. Quelle est la différence entre les nombres suivants : 28 hectares, 08 ares ; 19 hectares, 07 centiares ?

28 hect. 08 ares 00 c.
19 — 00 — 07 c.

9 hect. 07 ares 93 c.

Réponse : 9 hectares, 7 ares, 93 centiares.

234. 35 pièces de terre contiennent chacune 15 hectares, 8 ares, 5 centiares ; combien contiennent-elles en totalité ?

15 h. 08 a. 05 c.
35

754025
452415

527,8175

Réponse : 527 hectares, 81 ares, 75 centiares.

235. Une propriété est divisée en 25 parcelles de chacune 9 hectares, 7 ares, 6 centiares; quelle en est la superficie?

```
 9,0706
     25
-------
 453530
181412
-------
226,7650
```

Réponse : 226 hectares, 76 ares, 50 centiares.

236. 19 ouvriers ont entrepris de défricher chacun 87 ares, 25 centiares de terre; quelle est la superficie de toute l'entreprise?

```
  87,25
     19
-------
  78525
  8725
-------
1657,75
```

Réponse : 1657 ares, 75 c., ou 16 hectares, 57 ares, 75 centiares.

237 (*). Un champ a la forme d'un triangle; le côté pris pour base de ce triangle a une longueur de 42 mètres 25 c., et la hauteur est de 8 mètres; quelle est la superficie de ce champ?

On démontre en géométrie que pour obtenir la superficie d'un triangle, il faut multiplier la base par la hauteur et prendre la moitié du produit.

(*) Avant de résoudre les problèmes des numéros 237 à 242, il sera nécessaire d'étudier les premières définitions de géométrie. Le sujet que nous traitons amène naturellement ces questions; mais nous pensons qu'il vaudra mieux n'enseigner ces problèmes aux élèves que quand ils auront déjà fait des progrès assez considérables en arithmétique.

42,25
8
338,00
1,69

Réponse : 1 are, 69 centiares.

238. Une autre pièce de terre a aussi la forme d'un triangle ; le côté pris pour base a 56 mètres 30 c. de longueur, et la hauteur est de 9 mètres 20 c.; quelle est la superficie de ce terrain?

56,30
9,20
112600
50670
517,9600
258,9800

Réponse : 2 ares 58 centiares, et 98 centièmes de centiares, ou à peu près 2 ares 59 centiares.

239. Une propriété a la forme d'un carré dont chaque côté a 38 mètres 50 c. de longueur ; quelle est la superficie de cette propriété?

Pour obtenir la surface d'un carré, il faut multiplier la longueur d'un côté par elle-même.

38,50
38,50
192500
30800
11550
1482,2500

Réponse : 14 ares 82 c.

240. Un terrain a la forme d'un rectangle ; la longueur est de 28 mètres, 25 centimètres, et la largeur de 10 mètres, 40 centim.; quelle est la surface de ce terrain?

On obtient la surface d'un rectangle en multipliant la longueur par la largeur.

```
   28,25
   10,40
  ------
  113000
 28250
 -------
293,8000
```

Réponse : 2 ares 93 cent.

241. Un champ a la forme d'un trapèze; l'un des deux côtés parallèles a 25 mètres de longueur, et l'autre côté 18 mètres; la hauteur est de 15 mètres; quelle est la surface de ce champ?

Pour obtenir la surface d'un trapèze, il faut additionner la longueur des deux côtés parallèles, en prendre la moitié, et la multiplier par la hauteur.

```
  25            21,50
  18               15
 ----          ------
  43            10750
  21,50         2150
               ------
               322,50
```

Réponse : 3 ares 22 centiares.

242. Quelle est la surface d'un terrain en forme de losange, ayant 40 mètres, 70 c. de base, sur 60 mètres, 50 c. de perpendiculaire?

Pour obtenir la surface du losange, il faut multiplier la base par la hauteur.

```
   40,70
   60,50
  -------
   203500
  244200
 ---------
 2462,3500
```

Réponse : 24 ares 62 cent.

243. Une propriété qui contient 527 hectares, 81 ares, 75 centiares, a été divisée en 35 parties; quelle est la contenance de chaque partie?

```
527,8175 | 35
177      |--------
  02 81    15,0805
    0175
      00
```

Réponse : 15 hectares, 08 ares, 05 centiares.

244. Une forêt contient 226 hectares, 76 ares, 50 centiares; elle est divisée en 25 coupes; quelle est la contenance de chaque coupe?

```
226,7650 | 25
 0176    |--------
   0150    9,0706
     00
```

Réponse : 9 hectares, 07 ares, 06 centiares.

245. On a employé un certain nombre d'ouvriers pour défricher un terrain de la contenance de 16 hectares, 57 ares, 75 centiares; chacun d'eux en a défriché 87 ares, 25 c.; combien étaient-ils d'ouvriers?

```
16,5775 | 0,8725
 78525  |--------
 0000        19
```

Réponse : 19 ouvriers

246. Lorsqu'un terrain est vendu à raison de 2775 francs l'hectare, à combien revient l'are, et à combien le centiare?

L'are coûtera 100 fois moins, ou 27 fr. 75, et le centiare, cent fois moins que l'are, ou *0 fr., 2775.*

247. Si l'are coûte 15 fr. 50 c., combien coûtera l'hectare, et combien le centiare?

Réponse : L'hectare coûtera cent fois plus que l'are = 1550 francs, et le centiare cent fois moins que l'are = 0,1550 = 0 fr. 155.

248. Lorsqu'un centiare de terrain coûte

24 fr. 25, combien coûtera l'hectare et combien l'are?

Puisqu'un hectare contient 10000 centiares (226), il coûtera 10000 fois plus = 242500 fr. L'are coûtera cent fois plus que le centiare, ou 24, 25 × 100 = 2425 fr.

249. Lorsqu'on vend 14 ares, 25 cent. de terrain pour 85 fr. 50 c., combien coûteront 27 ares du même terrain?

14 ares, 25 c., ou 1425 c. coûtent 85 fr. 50 c.;
1 centiare coûte $\frac{8550 \text{ centimes.}}{1425}$
= 6 centimes.

Par conséquent 27 ares, ou 2700 centiares, coûteront 2700 fois 6 centimes = 162 francs.

250. Si 3 hectares, 05 ares, 06 centiares de terrain coûtent 2440 fr. 48 c., combien coûteront 8 hectares, 07 ares, 06 centiares du même terrain?

30506 centiares coûtent 244048 cent.;
1 centiare........ $\frac{244048}{30506}$
= 8 centimes.

Par conséquent 8 hectares, 07 ares, 06 centiares, ou 80706 centiares coûteront 80706 fois 8 c. = 6456 fr. 48 c.

On obtiendrait le même résultat en divisant d'abord 2440 fr. 48 c. par 3 hectares, 05 ares, 06 centiares, et multipliant ensuite le quotient par 8 hectares, 07 ares, 06 centiares.

```
2440,4800 | 3,0506
0000000   |--------
            800 francs l'hectare.
            8,0706
           --------
              4800
            56000
          64000
          ---------
          6456,4800
```

Il est nécessaire d'obliger les élèves à appliquer ces deux méthodes : la première offre l'avantage de faire contracter l'habitude de l'analyse et du raisonnement; la seconde ramène aux principes de la multiplication et de la division des nombres décimaux.

251. Le mètre carré ne diffère du centiare qu'en ce que cette dernière mesure s'applique spécialement à la superficie des terrains, tandis que le mètre carré s'emploie particulièrement pour les surfaces de peu d'étendue, telles que la toiture d'un édifice, l'étendue d'une chambre, d'un plafond, etc.

252. Le décimètre carré est un carré qui a un décimètre sur chaque côté, et il y en a 100 dans un mètre carré.

253. Le centimètre carré est un carré qui a un centimètre sur chaque côté; il y en a 100 dans un décimètre carré, et conséquemment 10000 dans un mètre carré (1).

254. Le kilomètre carré et le myriamètre carré s'emploient pour évaluer les grandes superficies, comme celles d'une partie du monde, d'un Etat, d'un département, etc.

255. Ecrivez les nombres suivants : 28 mètres carrés, 25 décimètres carrés; 35 mètres carrés, 6 décim. carrés; 48 mètres, 54 centim.

---

(1) Le meilleur moyen de faire comprendre ces définitions aux élèves, c'est de leur mettre sous les yeux un tableau représentant dans leur grandeur réelle le mètre carré divisé en 100 décimètres carrés, et le décimètre carré divisé en 100 centimètres carrés.

carrés; 23 décimètres carrés; 42 centimètres carrés; 25 mètres carrés, 5 décimètres carrés; 4 centimètres carrés.

m. c.	d. c.	c. c.
28	25	»
35	06	»
48	»	54
»	23	»
»	»	42
25	05	04

256. Combien y a-t-il de décimètres carrés dans chacun des nombres suivants : 4 mètres carrés; 28 mètres carrés; 52 mètres carrés; 7 mètres carrés?

Puisque le mètre carré vaut 100 décimètres carrés, il est évident que pour obtenir les réponses demandées, il suffit de multiplier par 100 chacun des nombres énoncés.

Ainsi, 4 mètres carrés = 400 décim. c.
28 — = 2800 —
52 — = 5200 —
7 — = 700 —

257. Combien y a-t-il de centimètres carrés dans chacun des nombres suivants : 5 décimètres carrés; 425 décimètres carrés; 6428 décimètres carrés; 325 décimètres carrés?

Puisque le décimètre carré vaut 100 centimètres carrés, on obtiendra la réponse en multipliant par 100.

Ainsi, 5 décimètres carrés = 500 centim. c.
425 — = 42500 —
6428 — = 642800 —
325 — = 32500 —

258. Combien y a-t-il de centimètres carrés dans chacun des nombres suivants : 8 mètres

carrés; 25 mètres carrés; 645 mètres carrés; 454 mètres carrés?

Puisque le mètre carré contient 10000 centimètres carrés, on obtiendra la réponse en multipliant par 10000 chacun des nombres énoncés.

Ainsi,	8 mètres carrés	=	80000 centim. carrés.
	25 —	=	250000 —
	645 —	=	6450000 —
	454 —	=	4540000 —

259. Combien y a-t-il de mètres carrés dans chacun des nombres suivants : 6456 décimètres carrés; 485642 décimètres carrés; 947525 cent. carrés; 84764 cent. carrés?

Réponse :

64 mètres carrés,	56 décim. carrés.	
4856 —	42 —	
94 —	75 —	25 centim. c.
8 —	47 —	64 —

260. Donnez le total des quantités suivantes :

1° 2 mètres carrés, 4 d. c., 8 c. c.
2° 95 — 6 — 7 —
3° 9 — 5 — 8 —

2 m. c.	04 d. c.	08 c. c.
95 —	06 —	07 —
9 —	05 —	08 —
106 m. c.	15 d. c.	23 c. c.

Réponse : 106 mètres carrés, 15 d. c., 23 c. c.

261. Quelle est la différence entre les quantités suivantes :

1° 12 mètres carrés, 28 d. c., 54 c. c.;
2° 9 mètres carrés, 39 d. c., 62 c. c.?

12,	28,	54
9,	39,	62
2,	88,	92

Réponse : 2 mètres carrés, 88 d. c., 92 c. c.

262. Quelle est encore la différence entre les nombres suivants : 1° 54 mètres carrés; 2° 48 centimètres carrés?

54 m. c.,	00 d. c.,	00 c. c.
» —	» —	48 —
53 —	99 —	52 —

Réponse : 53 mètres carrés, 99 d. c., 52 c. c.

263. Un plafond a la forme d'un *carré*, dont chaque côté a 25 mètres 50 c. de longueur; combien contient-il de mètres carrés, et combien paiera-t-on à l'ouvrier qui l'a fait, si le prix du travail est fixé à 3 fr. 25 c. le mètre carré? (Voir le n° 239.)

```
     25,50
     25,50
   -------
    127500
   12750
   5100
  --------
  650,2500
```

L'étendue du plafond est de 650 mètres carrés, 25 décimètres carrés; or, l'ouvrier reçoit 3 fr. 25 c. par mètre carré; il devra recevoir en totalité 3,25×650,25 = Réponse : 2113 fr., 3125.

264. Une chambre a la forme d'un rectangle dont la longueur est 8 mètres, 25 c., et la largeur 6 mètres, 50 c.; combien contient-elle de mètres carrés, et combien paiera-t-on pour le carrelage, à raison de 4 fr. 25 c. le mètre carré? (Voir le n° 240.)

```
     8,25
     6,50
   ------
    41250
    4950
  -------
  53,6250
```

Cette chambre contient 53 mètres carrés, 62 d. c., 50 c. c., ou 53 m. c., 6250 c. c. On aura à payer 4 fr. 25 × 53,6250 = 227 fr. 90 c. et la fraction 6250.

265. La toiture d'une maison a la forme d'un trapèze dont la hauteur est de 6 mètres 25 c.; la longueur d'un côté est de 7 mètres 50 c., et celle de l'autre côté de 4 m. 80 c.;

combien cette toiture contient-elle de mètres carrés, et combien devra-t-on payer à l'ouvrier qui l'a faite, à raison de 3 fr. 50 c. par mètre carré? (Voir le nº 241.)

```
 7,50            6,15
 4,80            6,25
------          ------
12,30            3075
 6,15           1230
               3690
               -------
               38,4375
```

L'étendue de cette toiture est de 38 mètres carrés, 4375 centim. En multipliant ce nombre par 3 fr. 50 c., on trouvera la somme qu'on doit payer = Réponse : 134 francs 53 centimes.

266. L'étendue d'un plafond est de 650 mètres carrés, 25 décimètres carrés; on a dépensé, pour le faire construire, 2113 fr., 3125; combien l'ouvrier qui l'a fait a-t-il gagné par mètre carré?

```
2113,3125 | 650,25
 162 562  |-------
  32 5125 |  3,25
   0 0000
```

Réponse : 3 francs 25 centimes.

267. Une chambre, qui a la forme d'un rectangle, contient 53 mètres carrès, 6250 c. carrés; elle a de largeur 6 mètres 50 cent.; quelle en est la longueur? et combien a-t-on payé par mètre carré pour le carrelage, sachant qu'on a donné une somme totale de 227 fr. 906250?

Pour obtenir la longueur demandée, il suffit de diviser le nombre de mètres carrés qui forment l'étendue de cette chambre par la largeur désignée.

```
53,6250 | 6,50
 1 625  |------
  3250  | 8,25
   000
```

On trouve alors que la longueur de cette chambre est de 8 mètres, 25 c. Ensuite, en divisant le prix total par 53 mètres carrés, 6250 c. c., on trouvera ce qu'a coûté le mètre carré = 4 fr. 25 c.

```
227,906250 | 53,6250
  13 40625 |--------
  2 681250 | 4,25
    000000
```

268. On a payé pour 48 mètres carrés, 25 décimètres, une somme de 96 fr. 50 c.; combien aurait-on payé pour 96 m., 50 d. carrés?

48 m. c., 25 d. c., ont coûté 96,50

1 m. c. a coûté.......... $\frac{96,50}{48,25}$

= 2 francs. Par conséquent 96 m. c., 50 d. c. ont coûté 2 fr. × 96,50 = Réponse : 193 fr.

269. Lorsque 12 mètres carrés, 25 décim. carrés, 50 cent. carrés coûtent 49 fr. 02 c.; combien coûtent 9 m. c., 90 d. c., 45 c. c.?

Raisonnant comme dans l'exemple précédent, nous trouverons le prix du mètre carré en divisant 49 fr. 02 c. par 12 m. c. 2550.

```
49,0200 | 12,2550
00 0000 |--------
        | 4
```

Ainsi, le prix du mètre carré est 4 fr. Conséquemment le prix de 9 mètres c., 9045 sera 4 × 9,9045 = 39 francs 6180.

§ 4. Mesures de volume ou de solidité (1).

270. La mesure de volume ou de solidité est le mètre cube, c'est-à-dire un cube qui a

(1) Le volume d'un corps est son étendue, sa grosseur. En géométrie, le mot solidité est synonyme de volume.

un mètre de longueur, un mètre de largeur et un mètre de hauteur.

271. Un cube a toujours six faces formant six carrés égaux, et a, par exemple, la forme d'un dé à jouer.

272. Le décimètre cube est un cube qui a un décimètre de longueur, un décimètre de largeur et un décimètre de hauteur. Il y en a mille dans le mètre cube.

273. Le centimètre cube est un cube qui a un centimètre de longueur, un centimètre de largeur et un centimètre de hauteur. Il y en a mille dans le décimètre cube, et par conséquent un million dans le mètre cube.

274. Le stère est le mètre cube appliqué aux bois de chauffage.

275. Le décastère, qui vaut dix stères, s'emploie également pour la mesure des bois de chauffage.

276. Le décistère est la dixième partie du stère : c'est la principale unité pour l'évaluation du volume des bois de charpente.

277. Le centistère est la centième partie du stère; et le millistère est la millième partie du stère, et la centième partie du décistère.

278. Combien y a-t-il de décimètres cubes dans chacun des nombres suivants : 1° 7 mètres cubes; 2° 42 mètres cubes; 3° 57 mètres cubes; 4° 15 mètres cubes?

Puisque le mètre cube = 1000 décimètres cubes, on multipliera par 1000 chacun des nombres énoncés.

Ainsi, 7 mètres cubes = 7000 décim. cubes.
42 — = 42000 —
57 — = 57000 —
15 — = 15000 —

279. Combien y a-t-il de centimètres cubes dans chacun des nombres suivants : 1° 14 décimètres cubes; 2° 27 décimètres cubes; 3° 47 décimètres cubes ?

Puisque le décimètre cube vaut 1000 centimètres cubes, on obtiendra la réponse en multipliant par 1000 chacun des nombres énoncés.

Ainsi, 14 décim. cubes = 14000 centim. cubes.
27 — = 27000 —
47 — = 47000 —

280. Combien y a-t-il de centimètres cubes dans chacun des nombres suivants : 1° 17 m. cubes; 2° 42 m. cubes; 3° 54 m. cubes;

Puisque le mètre cube vaut 1000000 de centimètres cubes, on obtiendra la réponse en multipliant par 1000000.

Ainsi, 17 mètres cubes = 17000000 de centim. cub.
42 — = 42000000 —
54 — = 54000000 —

281. Combien y a-t-il de mètres cubes dans chacun des nombres suivants : 1° 48656866 centimètres cubes; 2° 56784567 cent. cubes; 3° 4564 décim. cubes; 4° 65687 déc. cubes?

Réponse.

1° 48 mètres cubes, 656 décim. cubes, 866 centim. cubes, ou 48 mètres cubes, 656866 centim. cubes ;
2° 56 mètres cubes, 784 décim. cubes, 567 centim. cubes, ou 56 mètres cubes, 784567 centim. cubes ;
3° 4 mètres cubes, 564 décim. cubes ;
4° 65 mètres cubes, 687 décim. cubes.

282. Donnez le total des nombres suivants : 1° 45 mètres cubes, 564 décim. cubes; 2° 25

mètres cubes, 452 d. c., 664 c. c.; 3o 8 décimètres cubes; 4o 9 centim. cubes; 5o 14 décim. c.; 6o 24 centim. cubes?

Mètres cubes.	Décim. cubes.	Centim. cubes.
45	564	...
25	452	664
...	..8	...
...	...	..9
...	.14	...
...	...	.24
71	038	697

Réponse : 71 mètres cubes, 038 décimètres cubes, 697 centimètres cubes.

283. Faites encore la somme des nombres suivants : 1o 43 mètres cubes, 425647 ; 2o 5456 centimètres cubes; 3o 42725 centimètres cubes; 4o 0 m. cube, 546427.

43 m. c.		425647
0,	—	005456
0,	—	042725
0,	—	546427
44 m. c.		020255

Réponse : 44 mètres cubes, 20255 centim. c., ou 44 mètres cubes, 20 décim. cubes, 255 c. cubes.

284. Dites quelle est la différence entre les nombres suivants : 1o 4 mètres cubes; 2o 8 centimètres cubes.

4 m. c.	000 d. c.	000 c. c.
.,	...,	..8
3,	999,	992

Réponse : 3 mètres cubes, 999 décim. cubes, 992 centimetres cubes.

285. Quelle est la différence entre les nombres suivants : 1o 64 mètres cubes; 2o 45 décimètres cubes, 27 cent. cubes?

```
64 m. c. 000 d. c. 000 c. c.
 ..,        .45,      027
----------------------------
63,         954,      973
```

Réponse : 63 mètres cubes, 954973.

286. 452 ouvriers employés à un ouvrage en ont fait chacun 8 mètres cubes, 740656; combien en ont-ils fait en totalité?

```
   8,740656
        452
   --------
   17481312
  43703280
 34962624
 ----------
 3950,776512
```

Réponse : 3950 mètres cubes, 776512.

287. 356 ouvriers ont fait chacun 9 mètres cubes, 000099 d'un certain ouvrage; combien en ont-ils fait et combien recevront-ils en totalité, s'ils sont payés à raison de 7 fr. 50 c. le mètre cube?

```
   9,000099           3204,035244
        356                  7,50
   --------          ------------
   54000594          160201762200
  45000495          22428246708
 27000297           -------------
 ----------         24030,26433000
 3204,035244
```

1re **Réponse** : 3204 mètres cubes, 035244.
2e **Réponse** : 24030 francs, 26 centimes.

288. 3950 mètres cubes, 776512 ont été faits par 452 ouvriers; combien chacun d'eux en a-t-il fait?

```
3950,776512 | 452
3347        |---------
 1837       8,740656
  02965
    2531
     2712
      000
```

Réponse : 8 mètres cubes, 740656.

289. 3204 mètres cubes, 035244 ont été faits par un certain nombre d'ouvriers, et chacun d'eux en a fait 9 mètres cubes, 000099; combien étaient-ils? Ils ont reçu en totalité 24030 francs 26443; combien ont-ils reçu chacun, et combien par mètre cube?

```
3204,033244 | 9,000099
 504 00554  |---------
  54 000594 | 356 ouvriers.
   0 000000

24030,26443 | 356
 2670       |---------
  178 2     | 67,50074
   00 2644
       1523
        099

67,500740   | 9,000099
 4 5000470  |---------
  90000740  | 7,4999
   89998490
    89975990
     8975099
```

1re Réponse : 356 ouvriers.
2e Réponse : 67 fr. 50074.
3e Réponse : 7 fr. 4999.... ou 7 fr. 50 c.

290. Lorsque le mètre cube coûte 6 fr. 50 c., combien coûte le décimètre cube, et combien le centimètre cube?

Réponse : Le décimètre cube coûte 0,0065, et le centimètre cube, 0,0000065.

291. Si le décimètre cube coûte 0 fr. 05 c., combien coûte le mètre cube, et combien le centimètre cube?

Réponse : Le mètre cube coûte 50 francs, et le centimètre cube, 0 fr. 00005.

292. Lorsque le centimètre cube coûte

0,00008, combien coûte le mètre cube, et combien le décimètre cube?

Réponse : Le mètre cube coûte 80 francs, et le décimètre cube 0 fr. 08 c.

293. Lorsque 24 mètres cubes 000756 coûtent 96 fr. 003024, combien coûtent 48 mètres cubes, 001512?

En divisant 96,003024 par 24,000756, on obtiendra le prix d'un mètre cube = 4 fr.

96,003024 | 24,000756
00 000000 | 4

Or, 48 mètres cubes, 001512 coûteront 4 francs × 48,001512 = 192 fr. 006048.

294. Lorsque 99 décimètres cubes coûtent 3 fr. 96 c., combien coûtent 75 cent. cubes?

En divisant 3,96 par 99, on obtiendra le prix d'un décimètre cube = 0 fr. 04. c.

3,96 | 99
| 0,04

Or, en prenant ici le décimètre cube pour unité principale, 75 centimètres cubes seront exprimés par 0, d. c. 075; et l'on obtiendra la réponse en multipliant 0,04 par 0,075 = 0 fr. 003.

On peut encore raisonner différemment. Puisque le décimètre cube coûte 0, 04, le centimètre cube coûte 1000 fois moins, ou 0, 00004; par conséquent 75 centimètres cubes coûtent 0, 00004 × 75 = 0 fr. 003.

295. Combien y a-t-il de stères dans chacun des nombres suivants : 248 décastères; 546 décastères; 240 décistères; 57 décistères?

Réponse.

248 décastères = 2480 stères.
546 — = 5460 —
240 décistères = 24 —
57 — = 5 stères, 7 décist.

296. Combien y a-t-il de décastères dans

chacun des nombres suivants : 10 stères; 764 stères; 1000 décistères; 2439 décistères?

Puisqu'un décastère vaut 10 stères, ou 100 décistères, on obtiendra les réponses des deux premiers numéros en divisant par 10, et celles des deux derniers numéros en divisant par 100.

Ainsi, 10 stères = 1 décastère.
764 stères = 76 décastères, 4 stères.
1000 décistères = 10 décastères.
2439 décistères = 24 décastères, 39 décist., ou 24 décastères, 3 stères, 9 décistères, ou bien encore 24 décastères, 39 centièmes.

297. Combien y a-t-il de décistères dans chacun des nombres suivants : 546 décastères; 428 décastères; 948 stères; 525 stères?

Puisqu'un stère vaut 10 décistères, et qu'un décastère vaut 10 stères, ou 100 décistères, on obtiendra les deux premières réponses en multipliant par 100, et les deux dernières en multipliant par 10.

Ainsi, 546 décastères = 54600 décistères.
428 — = 42800 —
948 stères = 9480 —
525 stères = 5250 —

298. Combien y a-t-il de millistères dans chacun des nombres suivants : 1° 25 décistères; 2° 47 décistères; 3° 55 décistères; 4° 69 décistères?

Puisque le millistère est la millième partie du stère, et la centième partie du décistère, pour obtenir la réponse, il suffit de multiplier par 100 chacun des nombres énoncés.

Ainsi, 25 décistères = 2500 millistères.
47 — = 4700 —
55 — = 5500 —
69 — = 6900 —

299. Donnez le total des quantités suivantes : 48 décastères 6 stères ; 32 décastères 9 stères ; 758 décastères 8 stères.

```
 48,6
 32,9
758,8
-----
840,3
```

Réponse : 840 décastères, 3 stères.

300. Faites la somme des quantités suivantes : 56 décistères 04 millistères ; 469 décistères 25 millistères ; 448 décistères 75 millistères.

```
 56,04
469,25
448,75
------
974,04
```

Réponse : 974 décistères, 04 millistères.

301. Dites quelle est la différence entre les nombres suivants : 454 décastères ; 642 stères.

```
454 décast...
 64         2 stères.
-----------------
389,        8
```

Réponse : 389 décastères, 8 stères.

302. Dites encore quelle est la différence entre les nombres suivants : 456 décistères 50 millistères ; 258 décistères 75 millistères.

```
456,50
258,75
------
197,75
```

Réponse : 197 décistères, 75 millistères.

303. Combien y a-t-il de stères dans une pile de bois à charbon qui offre les dimensions suivantes : longueur, 5 mètres 33, hauteur, 0,84 centimètres, longueur des bûches, 0,66 centimètres (1) ?

---

(1) Il s'agit de cuber cette pile. Or, cuber un objet quelconque, c'est multiplier l'une par l'autre les trois dimensions : longueur, largeur ou épaisseur, et hauteur.

Dans ce problème et dans ceux qui sont semblables, la longueur des bûches remplace la largeur ou l'épaisseur.

```
  5,33
  0,84
------
  2132
 4264
------
4,4772
```

Cette première multiplication donne 4 mètres carrés, 4772 centimètres carrés, qu'il faut multiplier par la longueur des bûches.

```
  4,4772
    0,66
--------
  268632
 268632
--------
2,954952
```

Réponse : 2 stères, 95 centistères.

304. Une autre pile de bois à charbon offre les dimensions suivantes : longueur, 10 mèt. 66 c., hauteur, 0 m. 84 c., longueur des bûches, 0 m. 67 c.; combien cette pile contient-elle de stères, et combien doit-on à l'ouvrier qui l'a dressée, à raison de 0 fr. 67 c. le stère?

La manière d'opérer est la même que dans l'exemple précédent.

```
 10,66        8,9544       5,999
  0,84          0,67        0,67
------     ---------     -------
  4264        626808       41993
 8528        537264       35994
------     ---------     -------
8,9544      5,999448     4,01933
```

1re **Réponse** : 5 stères, 999 millistères, ou 6 stères.

2e **Réponse** : 4 francs, 019, ou 4 francs, 02 c.

305. Une pile de bois a de longueur 5 m. 33 c., de hauteur 1 m., et la longueur des bûches est de 1 m. 15 c.; combien contient-elle de stères, et combien doit-on à l'ouvrier qui l'a dressée, à raison de 0 50 c. le stère?

```
 5,33            6,1295
 1,15              0,50
-----          --------
 2665          3,064750
 533
533
-----
6,1295
```

1re RÉPONSE : 6 stères, 129 millistères.
2e RÉPONSE : 3 francs, 06 centimes.

306. Combien y a-t-il de décistères dans un morceau de bois qui porte 30 à 34 centimètres d'écarrissage, et qui a 6 mètres de longueur?

On multiplie d'abord l'écarrissage comme il suit :

```
    34
    30
------
0,1020
```

On obtient au produit 0 mètre carré, 1020 centimètres carrés. On multiplie ensuite ce produit par la longueur du morceau à réduire, et l'on obtient ainsi la réponse.

```
0,1020
     6
------
0,6120
```

Le morceau contient 0 stère, 612, ou 6 décistères, 12 millistères.

307. Une personne a acheté, à raison de 5 fr. 50 c. le décistère, un morceau de bois qui porte 9 à 12 centimètres d'écarrissage, et qui a de longueur 2 mètres 25 c.; quelle somme aura-t-elle à payer?

```
      12         0, décist. 24
       9                  5,50
--------            ----------
  0,0108                  1200
    2,25                  120
--------            ----------
     540                1,3200
    216
   216
--------
00,24300
```

Ce morceau contient 24 millistères, qui, multipliés par 5 fr. 50 c., donnent une somme de 1 fr. 32 c. que cette personne aura à payer.

308. Une pile de bois contient 2 stères, 954952; elle a de longueur 5 mètres 33, et de hauteur 0, 84 centimètres; quelle est la longueur des bûches?

```
  5,33          2,954952 | 4,4772
  0,84            268632 |--------
 -----             00000 | 0,66 c.
  2132
 4264
------
4,4772
```

Réponse : 0, 66 centimètres.

En multipliant la longueur de la pile par la hauteur, on trouve au produit 4 mètres carrés, 4772; or, si l'on connaissait la longueur des bûches, il est évident qu'en la multipliant par le produit des deux autres dimensions, on aurait un second produit qui serait le cube de la pile de bois (nº 303); donc en divisant 2 stères, 954952 par 4,4772, on obtiendra la réponse.

309. Une autre pile de bois contient 5 stères, 999448; elle a de hauteur 0,84 centimètres, et la longueur des bûches est de 67 centim.; quelle est la longueur de cette pile?

Réponse : 10 mètres 66 centimètres.

```
  0,84          5,999448 | 0,5629
  0,67          0 37144  |--------
 -----            33768  | 10,66
   588             0000
  504
------
0,5628
```

(Voir les explications données aux nos 303 et 308).

310. Un ouvrier a confectionné du bois à charbon à raison de 0, 67 c. le stère, et il a reçu pour ce qui lui était dû 4 francs 01933; combien en a-t-il confectionné de stères?

Autant de fois il y a 67 centimes dans 4 fr. 01933, autant de stères cet ouvrier a confectionnés. **Réponse** : 5 stères 999.

```
4,61933 | 0,67
1 669   |------
  663   | 5,999
   603
    00
```

311. Un morceau de bois carré contient 6 décistères, 12 millistères; le produit de l'écarrissage donne 0 mètre carré 1020; quelle est la longueur de ce morceau? — **Réponse** : 6 m.

Puisqu'il s'agit toujours du cube (nº 303), il est évident que si l'on connaissait la longueur, en la multipliant par 0,1020, on obtiendrait 0 stère, 6 décistères 12; donc en divisant ce dernier produit par 0,1020, on obtiendra la réponse.

```
0 stère 6120 | 0,1020
        0000 |--------
             | 6 mètres.
```

312. Une personne a acheté un morceau de bois à raison de 5 fr. 50 c. le décistère, et elle a versé une somme de 33 fr. 66 c.; combien ce morceau contenait-il de décistères?

Réponse : 6 décistères 12.

Autant de fois 5 fr. 50 c. sont contenus dans 33 fr. 66 c., autant le morceau contient de décistères.

```
33,66 | 5,50
0 660 |------
 1100 | 6,12
  000
```

313. Une autre personne a acheté un morceau de bois aussi à raison de 5 fr. 50 c. le décistère, et elle a donné en paiement une somme de 1 fr. 32 c.; combien ce morceau contenait-il de décistères?

La manière d'opérer est la même que dans le problème précédent; ainsi, autant de fois il y aura 5 fr. 50 c. dans 1 fr. 32 c., autant le morceau contiendra de décistères. Mais alors il est facile de voir que ce morceau ne contient pas un décistère.

```
1,320 | 5,50
 2200 |-----
  000 | 0,24
```

Réponse : 0 décist. 24 millistères.

314. Lorsque 24 décastères 8 stères coûtent 756 fr. 40 c., combien coûteront 49 décastères?

24 décastères, 8 stères, ou 248 stères coûtent 756 fr. 40 cent.;

1 stère coûte.................... $\frac{756,40}{248}$
= 3 fr. 05 c.

Par conséquent 49 décastères, ou 490 stères, coûteront 490 fois 3 fr. 05 c. = Réponse : 1494 fr. 50 c.

Cette manière de résoudre la question doit naturellement amener les élèves à contracter l'habitude du raisonnement. On aurait pu trouver le prix d'un décastère en divisant 756,40 par 24,8; le quotient eût été 30 fr. 5, qui, multipliés par 49, eussent donné au produit 1494 fr. 5, comme ci-dessus.

315. Lorsque 548 décistères, 25 millistères de bois de charpente coûtent 2467 fr., 125, quel sera le prix de 274 décistères, 50 millist.?

En divisant 2467, 125 par 548, 25, on trouvera le prix d'un décistère = 4 fr., 5, qui, multipliés par 274, 50, donneront la réponse, qui est de 1235 francs 25 centimes.

On pourrait réduire tout en millistères et raisonner comme dans l'exemple précédent.

Alors on dirait :

54825 millistères coûtent........... 2467 fr. 125 ;
1 millistère coûte............ $\frac{2467,125}{54825}$ = 0 fr. 045 ; par conséquent 27450 millistères coûteront 27450 fois 0 fr. 045 = 1235 fr. 25.

§ 5. Mesures de capacité.

316. Les mesures de capacité sont celles qui servent à mesurer les liquides, comme l'eau, le vin, le cidre, la bière, l'eau-de-vie, le vinaigre, etc., et les matières sèches, comme le froment, le seigle, les fèves, les pommes, etc.

317. L'unité principale des mesures de capacité est le *litre,* dont la contenance égale un décimètre cube (n° 272).

318. Les multiples du litre sont :

Le *décalitre,* qui égale 10 litres ;
L'*hectolitre,* — 100 litres ;
Le *kilolitre,* — 1000 litres.

Les sous-multiples sont :

Le *décilitre,* ou dixième partie du litre ;
Le *centilitre,* ou centième partie du litre.

319. Enoncez d'abord, et écrivez ensuite de toutes les manières possibles, les nombres suivants :

1. 9465 litres, 55 centilitres.
2. 456866 centilitres.
3. 54675 décilitres, 6 centilitres.

4. 6478 litres, 5 décilitres.
5. 478 décalitres.
6. 52 hectolitres.
7. 7 kilolitres.

Réponses.

1. 9465 litres, 55 centilitres, peuvent s'énoncer et s'écrire : 9 kilolitr., 4 hect., 6 décal., 5 litres, 5 décil., 5 centil.; = 94 hectol., 6 décal., 5 litres, 5 décil., 5 centil., ou 94 hectol., 65 litres, 55 centil., ou 94 hectol., 6555 dix-millièmes; = 946 décal., 5 litres, 55 centilitres, ou 946 décalitres, 555 millièmes; = 94655 décil., 5 centil., ou 94655 décilitres, 5 dixièmes, 946555 centilitres.

2. 456866 centilitres peuvent s'énoncer et s'écrire : 4 kilol., 5 hectol., 6 décal., 8 litres, 6 décil., 6 centil.; = 45686 décil., 6 centil., ou 45686 décil., 6 dixièmes; = 4568 litres, 66 centilit.; = 456 décal., 8 litres, 66 centil., ou 456 décal., 866 millièmes; = 45 hectol., 68 litres, 66 centil., ou 45 hectol., 6866 dix-millièmes; = 4 kilol., 568 litres, 66 centil., ou 4 kilolitres, 56866 cent-millièmes.

3. 54675 décilitres, 6 centil.; = 5 kilol., 4 hect., 6 décal., 7 litres, 7 décil., 6 centil.; = 5 kilol., 467 litres, 56 centil., ou 5 kilol., 46756 cent-millièmes; = 54 hectol., 67 litres, 56 centil., ou 54 hectol., 6756 dix-millièmes; = 546 décal., 7 litres, 56 centil., ou 546 déc., 756 millièmes; = 5467 litres, 56 centilitres.

4. 6478 litres, 5 décilitres peuvent s'écrire : 6 kilol., 4 hectol., 7 décal., 8 litres, 5 décil.; = 6 kilol., 478 litres, 5 décilit., ou 6 kilolit., 4785 dix-millièmes; = 64 hectol., 78 litres,

5 décil., ou 64 hectol. 785; = 647 décalitres 8 litres, 5 décil., ou 647 décal. 85; = 6478[5] décilitres.

5. 478 décalitres peuvent s'écrire : 4 kilol., 7 hectol., 8 décal.; = 4 kilol., 78 décal., ou 4 kilol., 78 centièmes; = 47 hectol., 8 décal., ou 47 hectol., 8 dixièmes; = 4780 litres; = 47800 décilitres; = 478000 centilitres.

6. 52 hectolitres peuvent s'énoncer et s'écrire : 5 kilol., 2 hectol., ou 5 kilol., 2 dixièmes; = 520 décalitres; = 5200 litres; = 52000 décilitres; = 520000 centilitres.

7. 7 kilolitres; = 70 hectolitres; = 70[0] décalitres; = 7000 litres; = 70000 décilitres; = 700000 centilitres.

320. Combien y a-t-il de décalitres dans un kilolitre?

Réponse : 100, parce que les décalitres sont deux rangs sur la droite (nº 122).

321. Combien faut-il de centilitres pour faire un litre?

Réponse : 100, parce que les centilitres sont deux rangs sur la droite (nº 122).

322. Combien faut-il de décilitres pour faire un hectolitre?

Réponse : 1000, parce que les décilitres sont trois rangs sur la droite (nº 122).

323. Combien faut-il de centilitres pour faire un décalitre?

Réponse : 1000, puisque les décalitres sont trois rangs sur la gauche (nº 122).

324. On pourra répondre aux mêmes questions par une autre méthode.

Exemples. Combien y a-t-il de décalitres dans un kilolitre?

Réponse : 1 kilol. = 10 hectol.; or 1 hectol. = 10 décalitres : donc 10 hectol. ou 1 kilol. = 10 fois 10 décalitres = 100 décalitres.

325. Combien y a-t-il de décilitres dans un décalitre?

Réponse : 1 décalitre = 10 litres ; or 1 litre = 10 décilitres : donc 10 litres ou 1 décalitre = 10 fois 10 décilitres = 100.

326. Combien y a-t-il de centilitres dans un décalitre?

Réponse : 1 décal. = 10 litres; or 1 litre = 100 centil.; alors 10 litres ou 1 décal. = 10 fois 100 ou 1000 centilitres.

327. Combien y a-t-il de décilitres dans un hectolitre?

Réponse : 1 hectol. = 100 litres ; or 1 litre = 10 décilitres : conséquemment 100 litres ou 1 hectol. = 100 fois 10 ou 1000 décilitres.

328. Combien y a-t-il de centilitres dans un hectolitre?

Réponse : 1 hectol. = 100 litres; 1 litre = 100 centilitres : par conséquent 1 hectol. ou 100 litres = 100 fois 100 ou 10000 centilitres.

329. Combien faut-il de décilitres pour faire un kilolitre?

Réponse : 1 kilol. = 1000 litres; 1 litre = 10 décilitres : il s'ensuit qu'un kilolitre ou 1000 litres = 1000 fois 10 ou 10000 décilitres.

Observation. Lorsque les élèves éprouvent de la difficulté pour répondre à ces questions, nous pensons qu'il est nécessaire de les y habituer en écrivant au tableau noir le nombre suivant : 1111 litres, 11 centilitres, ou même, s'il est nécessaire, celui-ci :

1 kilol., 1 hectol., 1 décal., 1 litre, 1 décil., 1 cent. Ensuite on les oblige à donner les mêmes réponses, après avoir effacé ce qui était écrit sur le tableau.

330. Une personne a acheté chez un marchand de vin les quantités suivantes : 1° 1 kilolitre; 2° 4 hectol. 25; 3° 57 décal. 75; 4° 28 litres 50. Dites le total de ce qu'elle a acheté.

kilol.	hect.	décal.	litres.	décil.	centil.
1	»	»	»	»	»
»	4	2	5	»	»
	5	7	7	5	»
		2	8	5	0
2	0	3	1,	0	0

Réponse : 2031 litres, ou 2 kilolit., 3 décal., 1 litre.

331. Un commerçant a acheté les quantités de blé suivantes : 1° 28 hectol. 4; 2° 57 hectol. 45; 3° 25 décal. 7; 4° 45 décal. 3; combien en a-t-il acheté en totalité?

```
 284.
 5745
  257
  453
 ----
 9295
```

Réponse : 9295 litres, ou 9 kilol., 2 hectol., 9 décal., 5 litres, ou 92 hectol. 95.

332. Donnez la somme des nombres suivants : 1° 45 litres 27; 2° 36 litres 45; 3° 28 décil. 7; 4° 29 décil. 9; 5° 456 centil.; 6° 8457 centil.

```
 45,27
 36,45
  2,87
  2,99       RÉPONSE : 176 litres 71.
  4,56
 84,57
------
176,71
```

333. Quelle est la différence entre les quantités suivantes : 1° 42 hectol. 25 ; 2° 57 décalitres 65?

```
4225 l. ..
 576,  5      RÉPONSE : 3648 litres, 5,
---------     ou 36 hectol., 48 litres, 5.
3648,  5
```

334. Quelle est encore la différence entre les nombres suivants : 1° 2 kilol. 25 ; 2° 3 litres 45?

```
2250 l. ..
   3,  45     RÉPONSE : 2246 litres, 55.
----------
2246,  55
```

335. On a vendu 646 décal. 8 de bière, à raison de 20 fr. 50 c. l'hectolitre; quelle somme doit-on recevoir?

```
   64,68
   20,50
---------
  323400      RÉPONSE : 1325 fr. 94 c.
 129360
---------
1325,9400
```

336. Combien y a-t-il de litres de vin dans 540 pièces, si chacune en contient 4 hectol. 5, et combien devra-t-on payer pour le prix de la totalité, à raison de 40 fr. 50 c. l'hectolitre?

```
 540           2430
   4,5           40,50
------        --------
 2700          121500
2160           97200
------        --------
2430,0         98415,00
```

1re Réponse : 2430 hectolitres = 243000 litres.
2e Réponse : 98415 francs.

337. Combien y a-t-il d'hectolitres de bière dans 945 fûts, si chacun en contient 1 hectol. 65, et quelle somme paiera-t-on pour le tout, à raison de 2 fr. 50 c. le décalitre?

```
   1,65              15592,5
    945                 2,50
  -----            ---------
    825             7796250
   660             311850
  1485            ----------
 -------           38981,250
 1559,25
```

1re Réponse : 1559 hectol. 25 litres.
2e Réponse : 15592 décal. 5 à 2 fr. 50 c. le décalitre = 38981 fr. 25 c.

338. Lorsque l'hectolitre coûte 40 fr. 50 c., combien coûte chacune des unités suivantes : 1° 1 décalitre; 2° 1 litre; 3° 1 centilitre?

Réponse : 1 décalitre coûte........ 4 fr. 05 c.
1 litre — 0, 405
1 centilitre — 0, 0045

339. Si le décalitre coûte 6 fr. 06 c., combien coûte chacune des unités suivantes : 1° 1 hectolitre; 2° 1 litre; 3° 1 décilitre?

Réponse : L'hectolitre coûte ...... 60 fr. 6
Le litre — 0,606
Le décilitre — 0,0606

340. Lorsque le litre coûte 0, 40 c., combien coûte l'hectolitre, et combien le centilitre?

Réponse : L'hectolitre coûte....... 40 francs.
Le centilitre — .... 0,0040 c.

341. Lorsque le décilitre coûte 0, 05 c., combien coûte chacune des unités suivantes : 1° 1 hectol.; 2° 1 décal.; 3° 1 litre; 4° 1 centil.?

L'hectolitre coûte......... 50 francs.
Le décalitre — .... 5 francs.
Le litre — .... 0 fr. 5.
Le centilitre — .... 0, 005.

342. Un aubergiste a payé 1325 fr. 94 c. pour une quantité de bière qu'il avait achetée à raison de 20 fr. 50 c. l'hectolitre; combien en avait-il acheté de décalitres?

Autant de fois on trouvera 20 fr. 50 c. dans 1325 fr. 94 c., autant d'hectolitres on aura achetés.

```
1325,94  | 20,50
 09594   |------
  13940  | 64,68
   16400
    0000
```

Réponse : Cet aubergiste avait acheté 646 décalitres, 8 de bière = 64 hectolitres, 68.

343. Un autre débitant a acheté 243000 litres de vin, qui se trouvaient contenus dans 540 pièces; combien chaque pièce en contenait-elle d'hectolitres? ce débitant ayant versé en totalité 98415 fr., quel était le prix de chaque décalitre?

```
243000 | 540                98415  | 24300
 2700  |------------       121500  |--------
  0000 | 450 litres.        00000  | 4 fr. 05
```

En divisant 243000 litres par 540 pièces, on trouve, pour la première réponse, que chaque pièce contenait 450 litres = 4 hectol. 5.

Ensuite, si l'on divise 98415 fr. par 24300 décalitres, on trouve, pour la seconde réponse, 4 fr. 05 c.

344. Une personne a acheté 1559 hectol. 25 de bière; dans combien de fûts cette bière était-elle renfermée, si chacun en contenait 1 hectol. 65? Cette personne a versé en totalité 38981 fr. 25; combien a-t-elle payé chaque décalitre?

En divisant 1559, 25 par 1, 65, on trouvera, pour première réponse, 945 fûts. Ensuite, si l'on divise 38981, 25 par 15592 décal., 5, on trouvera, pour deuxième réponse, que chaque décalitre a coûté 2 fr. 50 c.

```
1559,25 | 1,65          38981,25 | 15592,5
 0742   |-----           0779625 |--------
  0825  | 945            000000  |   2, 5
   000
```

345. Lorsque 42 litres, 25 centilitres coûtent 16 fr. 90 c., combien coûteront 54 hectol.?

En divisant 16, 90 par 42, 25, on trouvera le prix du litre = 0, 40 c.

Or, l'hectolitre coûtera 100 fois plus qu'un litre = 40 francs; et 54 hectol. coûteront 54 fois 40 = 2160 francs.

346. Lorsque 25 hectolitres, 8 coûtent 1290 fr., combien coûteront 90 centilitres?

En divisant 1290 fr. par 25 hect., 8, on trouvera le prix d'un hect. = 50 francs.

```
12900 | 25,8
 0000 |-----
      |  50
```

Or, 1 hectolitre coûtera 10000 fois plus qu'un centilitre, et alors le prix d'un centilitre sera 0, 005 (nº 122); d'où il suit que 90 centilitres coûteront 90 fois 0, 005 = 0, 45.

347. 34 hectolitres, 25 ayant coûté 1370 fr., quel est le prix de 25 centilitres?

En divisant 1370 par 3425, on obtiendra le prix d'un litre, qui est 0 fr. 4. Alors, un centilitre coûtera 100 fois moins, ou 0, 004; et le prix de 25 centilitres sera 25 fois 0, 004 = 0, 1.

—

§ 6. Mesures de poids.

348. On appelle mesures de *poids* celles dont on se sert pour peser.

349. L'unité principale des mesures de poids est le *gramme*.

350. Le gramme est ce que pèse (dans le vide) un centimètre cube d'eau distillée, prise à la température de 4 degrés au-dessus de zéro, c'est-à-dire au-dessus de la glacé fondante.

351. Les multiples du gramme sont :
Le *décagramme*, qui vaut 10 grammes;
L'*hectogramme*, — 100 gr.;
Le *kilogramme*, — 1000 gr. (1).

352. Les sous-multiples du gramme sont :
Le *décigr.*, ou dixième partie du gramme;
Le *centigr.*, ou centième partie du gramme;
Le *milligramme*, ou millième partie du gr.

353. Le *gramme* est l'unité principale lorsqu'il s'agit des choses précieuses, comme l'argent, l'or, etc.

354. Dans le commerce ordinaire, le kilogramme est l'unité principale.

355. Ecrivez de toutes les manières possibles les nombres suivants :

1. 9 kilogrammes.
2. 87 hectogrammes.
3. 945 décagrammes.

---

(1) Nous ne parlons pas du myriagramme, parce que cette expression est peu usitée. On dit plus ordinairement 10 kilogrammes.

4. 6425 grammes.
5. 96525 décigrammes.
6. 478945 centigrammes.
7. 5674567 milligrammes.

RÉPONSES.

1. 9 kilogrammes; = 90 hectogrammes; = 900 décag.; = 9000 grammes; = 90000 décig.; = 900000 centig.; = 9000000 de milligrammes.

2. 87 hectog.; = 8 kilog. 7; = 870 décag.; = 8700 grammes; = 87000 décig.; = 870000 centig.; = 8700000 milligrammes.

3. 945 décagrammes peuvent s'écrire : 9 kilog., 4 hectog., 5 décag.; = 9 kilog. 45 c.; = 94 hectog., 5 dixièmes; = 9450 grammes; = 94500 décig.; = 945000 centig.; = 9450000 milligrammes.

4. 6425 grammes peuvent s'écrire : 6 kilog., 4 hect., 2 décag., 5 grammes; = 6 kilog., 425 millièmes; = 64 hectog.; 25 centièmes; = 642 décag., 5 dixièmes; = 64250 décigr.; = 642500 centig.; = 6425000 milligrammes.

5. 96525 décigr.; = 9 kilogr., 6 hectogr., 5 décag., 2 grammes, 5 décig.; = 9 kilog., 6525 dix-millièmes; = 96 hectog., 525 millièmes; = 965 décagr., 25 centièmes; = 9652 grammes, 5 décig.; = 965250 centigr.; = 9652500 milligrammes.

6. 478945 centig. peuvent s'écrire : 4 kilog., 7 hectog., 8 décag., 9 grammes, 4 décig., 5 centig.; = 4789450 millig.; = 47894 décig., 5 dixièmes; = 4789 grammes, 45 centigr.; = 478 décag., 945 millièmes; = 47 hectog.,

8945 dix-millièmes, ou 47 hect., 89 grammes, 45 centig.; = 4 kilog., 78945 cent-millièmes, ou 4 kilog., 789 grammes, 45 centigrammes.

7. 5674567 milligrammes peuvent s'écrire : 5 kilog., 6 hect., 7 décag., 4 gr., 5 décig., 6 centig., 7 millig.; = 567456 centig., 7 dixièmes; = 56745 décig., 67 centièmes; = 5674 grammes, 567 milligr.; = 567 décagr., 4567 dix-millièmes; = 56 hectog., 74567 cent-millièmes, ou 56 hectog., 74 grammes, 567 milligrammes; = 5 kilog., 674567 millionièmes, ou 5 kilog., 674 grammes, 567 milligrammes.

356. Combien y a-t-il de décagrammes dans un kilogramme?

Réponse : 100, parce que les décagrammes sont deux rangs sur la droite (nº 122).

357. Combien faut-il de décigrammes pour faire un décagramme?

Réponse : 100, puisque les décagrammes sont deux rangs sur la gauche.

358. Combien y a-t-il de milligrammes dans un décigramme?

Réponse : 100, parce que les milligrammes sont deux rangs sur la droite des décigrammes.

359. Combien faut-il de décigrammes pour faire un hectogramme?

Réponse : 1000, parce que les décigrammes sont trois rangs sur la droite des hectogr.

360. Combien faut-il de centigrammes pour faire un décagramme?

Réponse : 1000, puisque les centigrammes sont trois rangs sur la droite des décagrammes.

361. On peut répondre aux mêmes questions de la manière suivante :

Exemples. Combien y a-t-il de décigrammes dans un hectogramme?

Réponse : 1 hectogr. = 100 grammes; or 1 gramme = 10 décigrammes : donc 1 hectogr. ou 100 grammes = 100 fois 10, ou 1000 décig.

362. Combien faut-il de centigrammes pour valoir 1 décagramme?

Réponse : 1 décag. vaut 10 grammes; or un gramme vaut 100 centig. : par conséquent 1 décag. ou 10 grammes = 10 fois 100, ou 1000 centigrammes.

363. Additionnez les quantités suivantes : 1o 25 hectogr. 26; 2o 4 kilog. 528; 3o 52 décagr. 2; 4o 28 grammes 27; 5o 4 grammes 625.

```
2526 gr.
4528
  52.
  28,27
   4,625
---------
7606,895
```

Réponse : 7606 gr. 895.

364. Faites la somme des nombres suivants : 1o 4 kilogr. 25; 2o 25 hectogr. 46; 3o 28 décag. 57; 4o 256 gr. 45; 5o 25 décig. 47.

```
4250 gr.
2546
 285,7
 256,45
   2,547
---------
7340,697
```

Réponse : 7340 grammes, 697 milligrammes.

365. Quelle est la différence entre les quantités suivantes; 1o 48 hectog. 25; 2o 256 gr. 28?

```
4825 grammes.
 256, 28
---------
4568, 72
```

Réponse : 4568 grammes, 72.

366. Quelle est encore la différence entre les quantités suivantes : 1° 2 kilog.; 2° 45 grammes 55?

```
2 k. 000 gr.
      45,55
-----------
    1954,45
```

Réponse : 1954 grammes, 45.

367. On a vendu 545 décagrammes, 8 de marchandise, à raison de 30 fr. 50 c. l'hectog.; quelle somme doit-on recevoir?

```
     54,58          ou 545,8
  ×  30,50           à   3,05
  ---------         ---------
    272900              27290
   163740             163740
  ---------          --------
 1664,6900           1664,690
```

Réponse : 1664 francs, 69.

368. Combien y a-t-il de kilogrammes de marchandises dans 258 caisses, si chacune en contient 45 kilog. 25, et combien devra-t-on payer pour la totalité, à raison de 2 fr. 50 c. le décagramme?

```
   45,25          1167450 décag.
     258                2,50
  ------          ----------
   36200            58372500
  22625            2334900
  9050            ----------
 --------         2918625,00
 11674,50
```

1re Réponse : 11674 kilog. 50.

2e Réponse : 2918625 francs.

369. Combien y a-t-il d'hectogr. de marchandises dans 199 caisses, si chacune en

contient 28 grammes 55 centigr., et quelle somme paiera-t-on pour le tout, à raison de 7 fr. 89 c. le kilogramme?

```
 28,55          5,68145
  199              7,89
 25695          5113305
25695          4545160
2855          3977015
5681,45       44,8266405
```

1re **Réponse** : 56 hectog., 81 gr., 45 centig., ou 56 hectog., 8145.

2e **Réponse**. 44 fr. 82 c. et la fraction 66405. On peut obtenir le même résultat de la manière suivante :

```
0 hect. 2855          56,8145
×      199              0,789
      25695           5113305
     25695           4545160
     2855           3977015
     56,8145        44,8266405
```

Observation. Il nous paraît utile, avantageux d'exercer les élèves de l'une et l'autre manière, afin de les amener à bien comprendre et ensuite à bien raisonner les opérations qu'ils ont à exécuter.

370. Lorsque le gramme coûte 0 fr. 45, combien coûte chacune des unités suivantes : 1° 1 décag.; 2° 1 hectog.; 3° 1 kilog.; 4° 1 décig.; 5° 1 centigr.?

Réponse.

Le décagramme coûte		4 fr. 50 c.
L'hectogramme	—	45 fr.
Le kilogramme	—	450 fr.
Le décigramme	—	0 fr. 045.
Le centigramme	—	0 fr. 0045.

371. Si le centigramme coûte 0 fr. 065,

combien coûtera chacune des unités suivantes: 1° 1 gramme; 2° 1 hectogr.; 3° 1 kilogr.?

RÉPONSE.

Le gramme coûtera 6 fr. 5.
L'hectogramme — 650 fr.
Le kilogramme — 6500 fr.

372. Lorsque le décigramme coûte 0, 58 c., combien coûte le kilogramme, et combien le décagramme?

RÉPONSE : Le kilogramme coûte 10000 fois plus que le décigramme = 5800 fr. Le décagramme coûte 100 fois plus que le décigramme ou 100 fois moins que le kilogr. = 58 fr.

373. Lorsque le kilogramme coûte 465 fr., combien coûte chacune des unités suivantes : 1° le milligramme; 2° le décigramme; 3° le décagramme; 4° le centigramme?

RÉPONSE : Le milligramme coûte 1000000 de fois moins = 0 fr. 000465.

Le décigramme coûte 10000 fois moins que le kilogramme ou 100 fois plus que le milligramme = 0 fr. 0465.

Le décagramme se vend 100 fois moins que le kilogr., ou 100 fois plus que le décigramme = 4 fr. 65.

Le centigramme coûte 100000 fois moins que le kilogramme, ou 1000 fois moins que le décagramme = 0 fr. 00465.

374. Une personne a vendu de la marchandise à raison de 30 fr. 50 c. l'hectogr., et elle a touché la somme de 1664 fr. 69 c.; combien en a-t-elle vendu de décagrammes?

Autant de fois il y aura 30 fr. 50 c. dans

1664 fr. 69 c., autant cette personne a *vendu* d'hectogrammes.

```
166469 | 3050
 13969 |------
  17690   54,58
   24400
    0000
```

Réponse : 54 hectog., 58 = 545 décag., 8.

375. 11674 kilogrammes 50 de marchandise étaient renfermés dans 258 caisses ; combien chacune en contenait-elle ? On avait payé pour le tout 2918625 francs ; combien coûtait chaque décagramme ?

```
11674,50 | 258
 1354    |------
  0645     45,25
   1290
    000
```

```
2918625 | 1167450
05837250|---------
 0000000    2,5
```

1

1re **Réponse** : 45 kilog., 25
2e **Réponse** : 2 francs 50 centimes.

376. 56 hectogrammes, 81 grammes, 45 c. de marchandise sont renfermés dans un certain nombre de caisses, dont chacune contient 28 grammes 55 ; combien y a-t-il de caisses ? On paie pour la totalité 44 fr., 8266405 ; à combien revient le kilogramme ?

```
5681,45 | 28,55      ou 568145 | 2855
        |------          28264 |------
                          25695   199 caisses.
                           0000
```

```
44,8266405 | 5,68145
 5 056490  |---------
   5113305    7,89
    000000
```

1re Réponse : 199 caisses.
2e Réponse : 7 fr. 89.

377. Lorsque 45 kilogr. 25 de marchandise coûtent 248 fr. 875, combien coûtent 36 gr. 25 centigrammes?

On trouvera le prix d'un kilogr. en divisant 248, 875 par 45, 25 = 5 fr. 50 c. On obtiendra le prix d'un gramme en divisant 5 fr. 50 c. par 1000 = 0 fr. 0055. Ensuite, pour obtenir le prix de 36 gr. 25, il suffit de multiplier 0 fr. 0055 par 36, 25. Réponse : 0 fr. 199375.

378. 24 hectogrammes de marchandise ayant été payés 144 francs, combien a-t-on payé 56 grammes, 75?

Si l'on divise 144 fr. par 24, on trouvera le prix d'un hectogr. = 6 fr. Par conséquent le prix du gramme sera 0 fr. 06 c. Or, il est évident qu'on obtiendra la réponse en multipliant 0 fr. 06 c. par 56 gr. 75 = 3 fr. 405.

§ 7. Relations des mesures métriques entre elles.

379. Combien y a-t-il de mètres carrés dans 75 ares?

Puisque l'are contient 100 mètres carrés, 75 ares donneront au produit 75 fois 100 = 7500 mètres carrés.

380. Combien 87 ares contiennent ils de mètres carrés?

L'are vaut 100 mètres carrés; 87 ares valent 87 fois plus = 8700 mètres carrés.

381. Combien y a-t-il de mètres carrés dans 25 ares 12 centiares?

25 ares 12 centiares = 2512 centiares = 2512 mètres carrés.

382. Combien y a-t-il de mètres carrés dans 712 hectares?

L'hectare contient 10000 mètres carrés; par conséquent 712 hectares contiennent 7120000 mètres carrés.

383. Combien 49 hectares font-ils de décamètres carrés ?

49 hectares = 4900 ares = 4900 décamètres carrés.

384. Combien 475 hectares contiennent-ils d'hectomètres carrés?

475 hectares = 475 hectomètres carrés.

385. Combien y a-t-il de kilomètres carrés dans 8000 hectares?

Le kilomètre carré a 1000 mètres sur chaque côté = 1000000 de mètres carrés. 1 hectare contient 10000 mètres carrés; or 8000 hectares contiennent 8000 fois 10000 = 80000000 de mètres carrés.

En divisant 80000000 par 1000000, on trouve pour réponse que 8000 hectares = 80 kilomètres carrés.

386. Combien 475 mètres carrés font-ils de centiares?

Réponse : 475 centiares.

387. Combien 10 décamètres carrés contiennent-ils de centiares?

1 décamètre carré = 100 mètres carrés ou 100 centiares; 10 décamèt = 1000 centiares.

388. Combien 15 hectomètres carrés contiennent-ils de centiares?

1 hectomètre carré a 100 mètres sur chaque côté et contient par conséquent 100 fois 100, ou 10000 mètres carrés, ou 10000 centiares. Ainsi, 15 hectom. carrés contiennent 15 fois 10000 = 150000 centiares.

389. Combien y a-t-il de mètres cubes dans 890 stères?

RÉPONSE : 890 mètres cubes.

390. Combien 4 stères font-ils de décimètres cubes?

4 stères = 4 mètres cubes, = 4000 décimètres cubes.

391. Combien 14 décastères contiennent-ils de décimètres cubes?

14 décastères = 140 stères ou 140 mètres cubes, × 1000 = 140000 décim. cubes.

392. Combien y a-t-il de kilolitres dans 54 mètres cubes, 625?

54 mètres cubes, 625 = 54625 décimètres cubes, = 54625 litres, = 54 kilolitres, 625 litres.

393. Combien 65 mètres cubes, 545 font-ils d'hectolitres?

65 mètres cubes, 545 = 65545 décimètres cubes, = 65545 litres, = 655 hectolitres, 45 litres.

394. Combien y a-t-il de litres dans 725 décimètres cubes?

RÉPONSE : 725 litres.

395. Combien y a-t-il de décalitres dans 85 mètres cubes 650?

85 mètres cubes, 650 = 85650 décimètres cubes, = 85650 litres, = 8565 décalitres.

396. Combien 400 centimètres cubes font-ils de décilitres?

1000 centim. cubes = 1 décim. cube, = 1 litre, ou 10 décilitres; 100 centim. cubes = 10 fois moins, = 1 décilitre; 400 centim. cubes, = par conséquent 4 décilitres.

397. Combien une mesure de 600 centim. cubes contient-elle de centilitres?

1 décim. cube, ou 1000 centim. cubes = 1 litre; 100 centim. cubes = 1 décilitre; 600 centim. cubes = 6 décilitres. = Réponse : 60 centilitres.

398. Combien une mesure de 800 centilitres contient-elle de centimètres cubes?

800 centilitres = 8 litres, = 8 décimètres cubes, = 8000 centimètres cubes.

399. Quel est le poids de 20 mètres cubes 275 décimètres cubes d'eau?

20275 décim. cubes = 20275000 centim. cubes; or, 1 centim. cube pèse 1 gramme : donc 20275000 centim. cubes pèsent 20275000 grammes, ou 20275 kilogrammes.

400. Combien y a-t-il de décimètres cubes dans 8000 kilogrammes?

8000 kilogr. = 8000000 de grammes, = 8000000 de centimètres cubes, = 8000 décim. cubes.

401. Quel est le poids de 950 millim. cubes d'eau?

1 centim. cube = 1000 millim. cubes, = 1 gramme, = 1000 milligrammes; or, 1 millim. cube = 1 milligramme : d'où 950 millimètres cubes = 950 milligrammes.

402. Quel est le poids de 9 litres, 4 décilitres d'eau?

1 litre = 1 décimètre cube, = 1000 centim. cubes, = 1000 grammes; or, 1 décilitre = 100 grammes : conséquemment 9 litres, 4 décilitres, ou 94 décilitres = 100 × 94 = 9400 grammes.

403. Quel est le poids de 550 litres d'eau?

Il résulte des problèmes précédents que 550 litres d'eau pèsent 550 kilogrammes.

404. Combien pèsent 65 décilitres d'eau?

Puisqu'un litre pèse 1 kilogramme, 1 décilitre pèse 100 grammes; par conséquent 65 décilitres pèsent 6500 grammes.

405. Combien pèsent 44 centilitres d'eau?

1 litre pèse 1 kilogramme, 1 centilitre pèse 10 grammes; 44 centil. pèsent 440 grammes.

406. Combien y a-t-il de litres dans 68 kilogrammes?

Il résulte des problèmes précédents que 68 kilogrammes = 68 litres.

407. Combien 45 hectogrammes font-ils de litres?

Puisqu'un kilogramme = 1 litre, 1 hectog. = 1 décilitre, et conséquemment 45 hectogr. = 45 décilitres, = 4 litres, 5 décilitres.

408. Combien y a-t-il de litres dans 625 hectog. 4 décagr.?

6254 décagr. = 62540 grammes, = 62540 centim. cubes, = 62 décim. cubes, 540, = 62 litres, 54 centilitres.

409. Combien 955 grammes font-ils de centilitres?

955 grammes = 955 centim. cubes, = 0 décim. cube, 955, = 0 litre, 955, = 0 litre, 95 centilitres et 5 dixièmes de centil.

410. Quel est le poids de 5680 fr. en or?

1 franc en or pèse 0 gr., 32258; 5680 fr. pèsent 0 gr., 32258 × 5680 = 1832 grammes, 254 milligrammes.

411. Quel est le poids de 60 pièces de 40 fr.?

60 pièces de 40 francs font 2400 francs; or 1 fr. pèse 0 gr., 32258; 2400 francs pèsent 0 gr., 32258 × 2400 = 774 grammes, 192.

412. Combien pèsent 160 pièces de 5 fr.

160 pièces de 5 francs valent 800 francs; or 1 fr. en argent pèse 5 grammes; par conséquent 800 fr. pèsent 800 fois 5 grammes, = 4000 grammes, ou 4 kilogrammes.

413. Quel est le poids de 250 pièces de 50 centimes?

Une pièce de 50 centimes pèse 2 gr., 5; 250 pièces pèsent 250 fois 2, 5 = 625 grammes.

FIN.

OBSERVATION IMPORTANTE.

Nous avons traité le système métrique d'une manière aussi complète qu'il nous était possible de le faire pour rester dans le cadre élémentaire. Nous pensons que notre ouvrage sera accueilli du public, et surtout de MM. les Instituteurs.

Nous avons l'intention de composer un second volume, dans lequel nous traiterons des fractions ordinaires, des proportions, des règles de trois simples et composées, etc., etc.

Faux-Villecerf, 1858.

MOSLE.

TABLE DES MATIÈRES.

Troyes, Typographie Anner-André.

www.ingramcontent.com/pod-product-compliance
Ingram Content Group UK Ltd.
Pitfield, Milton Keynes, MK11 3LW, UK
UKHW020604180726
13838UKWH00001B/412

9 782329 422213